低渗透储层改造有效性测井评价技术及应用

赵　毅　宋延杰　王万超　吴伟林　蔡晓明　编著

石 油 工 业 出 版 社

内 容 提 要

本书以岩石物理实验资料为基础，建立了针对低渗透油气藏的测井评价方法以及配套技术，通过测井与工程技术相结合的思路，建立了低渗透储层压裂改造后产能分级和定量评价方法，并对这些方法的适用性做了进一步分析，同时辅以相关实例。

本书适合石油工程、测井技术人员及大专院校相关专业师生参考使用。

图书在版编目（CIP）数据

低渗透储层改造有效性测井评价技术及应用／赵毅等编著．— 北京：石油工业出版社，2019.11

ISBN 978-7-5183-3638-8

Ⅰ．①低… Ⅱ．①赵… Ⅲ．①低渗透储集层 -储集层-油气测井-测井技术-研究 Ⅳ．①TE344

中国版本图书馆 CIP 数据核字（2019）第 220553 号

出版发行：石油工业出版社

（北京安定门外安华里 2 区 1 号楼 100011）

网 址：www.petropub.com

编辑部：(010) 64523736

图书营销中心：(010) 64523633

经 销：全国新华书店

印 刷：北京中石油彩色印刷有限责任公司

2019 年 11 月第 1 版 2019 年 11 月第 1 次印刷

787×1092 毫米 开本：1/16 印张：6.75

字数：160 千字

定价：70.00 元

序

　　我国老油田已探明的品质好的储层多数已开采，目前增储上产的主体多为低渗透储层。这类储层物性差、渗流能力弱、非均质性强，本身的自然产能很低，需要经过储层压裂改造以后才能有一定的工业油流。预测这类储层改造后的产能，确定它们是否具备开发价值，对于油田的开发至关重要。

　　测井是研究地下地层不可或缺的学科，对自然产能及改造后产能的评价都是最重要且最有效的手段。现代测井具有探测地层电学、声学、核、力学及热等各种物理特性的能量，综合这些信息，前期已在自然产能的预测中取得了很好的效果。

　　在老油田，用测井预测产能面临两个方面的挑战。一方面，由于各种原因，测井系列不完善。在开发井中，不要说电或声成像测井、核磁共振测井等，就连早先石油系统规定的常规九条曲线都测不全。另一方面，测井要解决的低渗透储层多是早先认为的差储层，这类储层的测井响应特征没有早先的优质储层明显。要用最少量的测井信息解决更为困难的问题，既要求解储层改造前的地层信息，还要结合其他技术，共同求解储层压裂改造以后的产能预测问题，这是对测井的考验。

　　本书的每一个环节，先以理论分析为指导，接着分析对研究目标的影响因素，最终建立这些影响因素与测井或其他现有可实现技术的关系。全书以 W 油田和 F 油田为代表，初步形成了储层压裂改造后产能的定量评价方法：（1）设计了针对低渗透储层配套的岩石物理实验。（2）优化并建立了适合低渗透储层的参数模型，提高了孔隙度、渗透率、饱和度、相对渗透率以及脆性指数等参数的计算精度。（3）提出了基于多参数强度的产能劈分方法。针对老油田多层合试的现状，利用孔隙度、渗透率、层厚和深感应电阻率等参数将合试的产能结果劈分到单层，有效地解决了产能劈分的问题。（4）建立了多学科结合的储层压裂改造后产能分级的定量评价方法。对目标区产能影响因素的研究表明，当产油强度小于某个门槛值时，测井可反映大部分的地层信息，这时声波时差、孔隙度、渗透率和实际施工压力可以较好地反映储层压裂改造后的产油强度高低；当产油强度大于某个门槛值时，测井只能反映地层小部分的信息，而脆性指数和实际施工压力等工程信息对储层压裂改造后的产油强度高低起决定作用。这种基于产能分级的产能定量评价模型，对不同学科信息的选择应用具有重要的指导作用。

　　毕竟测井的探测范围有限，老油田现有测井资料所反映地层信息存在一定的局限性，对于油藏动态变化的情况难以反映，因此现有的方法、技术手段仍存在一定的局限性。希望本书的出版能促进更先进测井方法在老油田的应用，进一步实现测井与多学科的深入结合，使储层压裂改造后的产能预测在理论和实际应用中更上一层楼。

长江大学教授、博士生导师　张超谟

2019 年 7 月

前　　言

　　近年来，低渗透储层已经成为我国东部油田增储上产的主体，然而这类储层具有物性差、渗流能力弱以及非均质性强等特征，从而给勘探开发带来极大的挑战。低渗透储层特征决定了这类储层本身的自然产能很低，需要经过储层压裂改造以后才能有一定的工业油流，然而并不是所有的低渗透储层经过压裂改造后都能达到工业油流，这就要求在开发这些储层之前，首先要对这类储层的产能进行预测，哪些储层具备开发价值，哪些储层不具备开发价值，这项研究工作对于油田的开发至关重要，是关乎一个油田产量可持续性增产的关键。

　　纵观国内外相关资料，地球物理测井技术是进行产能预测研究中非常重要和有效的手段之一，它的优点在于充分利用具有较高纵向分辨率的测井资料去反映地层的产能信息，但是这些成功的技术手段只在自然产能的预测中取得了较好的效果，而对储层经过压裂改造后的产能预测却收效甚微。其原因在于测井资料只能反映储层改造前的地层信息，而不能完全反映储层改造后的地层信息，需要结合其他技术或者其他专业知识共同弥补技术上的缺陷和局限性，共同解决储层压裂改造以后的产能预测问题。

　　目前，国内各大油田研究院、测井公司、工程院的专家和各大院校的教授们都在积极探索如何解决这项难题。中石化华东石油工程有限公司测井分公司这几年也在积极攻关这项难题。按照中国石化科研工作的总体要求，依托科研项目，以"产学研相结合"的模式，中石化华东石油工程有限公司测井分公司与东北石油大学、中国石化江苏油田分公司石油工程技术研究院携手组织相关技术人员充分吸收近五年的前期研究成果，深入开展攻关工作。

　　在项目研究的过程中，笔者与东北石油大学、长江大学相关教授，江苏油田分公司和中石化华东石油工程有限公司相关专家以及技术人员交流讨论，明确研究方向，不断完善思路，及时调整技术方案，推广应用攻关成果。三年来，立足于苏北盆地高邮凹陷的 W 油田和 F 油田主力断块，着重于综合地球物理测井评价方法及工程技术联合攻关，取得了显著效果：

　　（1）设计了针对低渗透储层配套的岩石物理实验。在岩电实验中，根据低渗透储层的特征，用毛管自吸法代替传统的驱替法，更能体现出低渗透储层中孔隙结构对岩石电性的影响。另外，开展纵横波测量和三轴应力实验测量，有利于对岩石可压性的评价研究。

　　（2）优化并建立了较为系统的低渗透储层参数模型。尤其是在明确灰质对孔隙度影响较大的基础上，提出了校正灰质含量的孔隙度模型，较原先单声波计算的孔隙度模型，提高了定量解释精度。

　　（3）提出了基于等效岩石组分的饱和度模型。较深入地探讨了模型中孔隙结构效率 c、比例系数 k 及临界饱和度 S_{wc} 的变化规律和求取方法。相比阿尔奇公式计算的结果，该方法计算的饱和度更接近真值。

　　（4）建立了低渗透储层动静态模量的转换模型。特别是在充分考虑孔隙度和泥质的影响下，较好地得到泊松比的动静态转换模型，从而准确求出地层的脆性指数，为评价地层的可压性提供技术支持。

（5）提出了较为科学的产能劈分方法。针对苏北盆地多层合试的现状，利用孔隙度、渗透率、层厚和深感应电阻率参数综合将合试的产能结果劈分到单层，有效地解决了产能劈分的问题。

（6）建立了更为严谨的储层压裂改造后产能分级的方法。通过对产能影响因素的分析，认为在 I 类储层和 II 类储层中，当采油强度小于某个门槛值时，测井资料还能够反映大部分的地层信息，这时声波时差、孔隙度、渗透率和实际施工压力可以较好地反映储层压裂改造后的采油强度高低，当采油强度大于某个门槛值时，测井资料只能反映地层小部分的信息，这时储层的可压性和工程影响起决定作用，因而只有脆性指数和实际施工压力可以较好地反映储层压裂改造后的采油强度高低。

（7）建立了更为便捷的储层压裂改造后产能预测方法。基于产能的影响因素建立的产能预测模型，具有一定的地区适用性，便于快速应用。经过分析，认为此方法适用于开发初期压裂改造储层的产能预测，而对于开发中期调层压裂的井目前适用性欠佳。

（8）研究成果应用于生产，获得了较好的效果。一是高邮凹陷低渗透储层参数精度明显提高；二是高邮凹陷低渗透储层压裂改造后的产能不仅可以做到定性评价，还可以深入做到定量预测，精度上可达到绝对误差在±1.5t/d 以内；三是应用攻关成果进行老井复查和新井追踪解释，增储上产明显。

本书编写历时近一年，全书共八章。前言、第 4 章、第 5 章、第 8 章由赵毅编写，第 1 章、第 3 章由赵毅和宋延杰编写，第 2 章由赵毅、王万超和蔡晓明编写，第 6 章、第 7 章由赵毅和吴伟林编写，全书由赵毅统稿。

在本书的撰写过程中得到了中石化华东石油工程有限公司的领导和专家的大力支持，得到了东北石油大学大力资助，得到了中石化华东石油工程有限公司测井分公司和工程技术处的领导和专家的大力帮助，得到了中国石化江苏油田分公司石油工程技术研究院和采油二厂的领导和专家大量具体的技术指导工作，谨向他们表示衷心的感谢！

限于笔者水平，书中存在不足，敬请读者提出宝贵意见。

目　　录

1 绪 论

低渗透砂岩储层一般指渗透率低于 50mD 的碎屑岩储层。在我国东部油田分布着大量的低渗透油气藏，除了有一部分油田以低渗透储层为主以外，还有相当一部分的这类储层在老油田中往往对应着非主力层，是目前老油田增储上产的主体。开展针对低渗透储层的研究不仅是勘探开发的重中之重，也是测井近年来一直需要评价的主要对象。

对于低渗透储层来说，其孔隙结构复杂、非均质性强以及油水分布复杂等特点，以往在中高孔渗储层中总结的技术经验和测井方法很难在这类储层评价中再继续适用，需要开展相应的测井技术攻关。低渗透储层主要的测井攻关方向不仅仅是储层参数的精细评价和油水关系的认识，还应当对于这类储层压裂改造后的产能预测开展相应的研究，这样就能为储层开发优选提供依据，同时也将能激活一批老油田，在原来非主力层上扩大勘探成果提供技术支持。本章着重对产能预测方面的研究加以详细论述，并阐述目前这部分研究的一些发展趋势。

1.1 储层产能的预测方法

目前，针对产能预测方面的研究主要包括自然产能预测和压裂改造后产能预测这两个方向。自然产能预测方法主要以达西定律为基础，而压裂改造后产能预测方法认为达西定律不满足低渗透储层的渗流特征，情况相对复杂，国内外众多学者开展了大量研究，然而几乎没有比较统一的成熟方法。以下具体从储层自然产能预测和压裂改造后产能预测两个方面介绍对应的评价方法。

1.1.1 储层自然产能的预测方法

自然产能的评价主要是针对中高孔渗地层，测井方法预测其自然产能的方法主要集中在三个方向：一是理论公式法，比如 1936 年 Rawlines 等提出了早期简单的产能分析公式，随后 1968 年 Vogel 提出了著名的 Vogel 方程等。二是建立区块自然产能评价指数，得到区域性自然产能经验公式。比如 1996 年朱诗战等提出了产能指数与孔隙度、束缚水饱和度、可动油饱和度、原油黏度以及油嘴直径的多元非线性关系，1997 年 Rinaldi 等提出了产能指数与校正过的水相渗透率和油相渗透率的统计关系，1998 年管秀强等提出了利用胶结指数和含油饱和度预测产能的方法，1999 年 Michael L. Cheng 等提出了产能指数和流度（渗透率与黏度的比值）的统计模型，2000 年毛志强等提出了产能指数与有效渗透率的统计模型等。三是通过神经网络、模糊数学以及向量机等数学方法建立测井曲线与自然产能间关系，预测油气层自然产能。比如彭敦陆（1999）、许延清等（1999）和谭成仟等（2001）建造了神经网络专家和模糊模式识别系统，将储层厚度、温度、有效孔隙度、有效渗透率、地层压力、含油饱和度、地下原油黏度和地下原油密度等参数作为输入，预测油井的单井日产油量或采油指数，李洪奇等基于数据挖掘技术（所谓数据挖掘就是要从大量的、不完全的、有噪声的、模糊的、随机的实际应用数据中提取隐含在其中的，人们事先不知道的，但又是潜在有用的信息和知识）开展自然产能预测，与常规测井解释方法优势互补，提高了定量评价的精度。这些方法在早期中高孔渗地层的自然产能预测中都取得了较好的效果，为油气田开发提供指导，对后期开发优势储层，提高油气产量和实际生产经济效益具有非常重要的意义。

1.1.2 储层压裂改造后的产能预测方法

近几年来，对于低渗透储层的产能预测一向是油气田研究的热门板块。由于这类储层本身渗透率较低、孔隙结构复杂以及非均质性强等特征，一般自然产能较低，需要进行储层改造才能达到工业油气流标准，从评价方法上完全是从原来的静态评价转变成现在的动态评价，常规测井响应特征对于储层改造后地层的信息到底还能反映多少，这是测井技术还能否在预测压裂后产能中发挥作用的前提。因此，照搬照套自然产能的评价方法是不行的。

目前，针对低渗透储层压裂改造后的产能预测方法大体可归纳为两种：一是理论性的模型，主要考虑启动压力梯度或非达西渗流的椭圆流模型和线型流模型，根据对象的不同，又可分为直井压裂、斜井压裂和水平井压裂，针对不同的对象，模型又在此基础上做了一些优化或者修正。

这几年，在斜井压裂和水平井压裂中提及的方法居多，直井压裂相对简单些，主要以平面径向稳态渗流为理论基础的产能预测方法，在这里就不再详细说明。有关斜井产能分析的方法又可归纳为四种：第一种方法是 1975 年 Cinco-Lee 提出的方法，认为斜井会产生一个负的拟表皮因子，拟表皮因子的大小取决于斜井的穿透率和完井层段的位置，并给出了这个拟表皮因子的相关计算公式。但是经后人研究，Cinco-Lee 法对于井斜角大于 75° 时计算的结果误差较大，这种方法只能适用于井斜角不大于 75° 的情况。第二种方法通过 Chang（1989）建立了一种非直井的网格模型，但是这个模型并没有明确指出不同井斜角时对应的斜井产能方程。第三种方法是 Besson（1990）提出的一种新的计算斜井的拟表皮因子的方法，并给出了相关计算公式。第四种方法是张继芬等（1995）利用等值渗流阻力法给出的有关斜直井产能的计算公式。

水平井产能分析的方法相对更为复杂，如 Norris（1976）提出了具有多条有限导流能力垂直裂缝的水平井产量的典型曲线，比较准确地预测了单重孔隙介质存在多条垂直裂缝时的水平井产能。Giger（1984）利用水电相似原理，推导出均质各向同性油藏水平井与直井的产能比方程，同时将视为非均质性影响的各向异性引入到所推导的产能比方程中，获得了渗透率各向异性影响下水平井与直井产能比的方程，并比较了水平井与直井的产能，利用相同的方法，研究了低渗透油藏中压裂水平井的产能，获得了水平井的渗流场及压降分布规律。Mukherjee 等（1991）基于稳态流体流动方程提出了预测水平井筒周围压降方程，以此预测油井产能。范子菲等（1996）在矩形油藏垂直裂缝稳态解公式的基础上，考虑井底附近非达西流动对水平井产能的影响，推导出裂缝性油藏水平井稳态解公式。王晓冬等（1996）对垂直裂缝井产能及导流能力进行优化研究，给出了有限导流不稳定渗流中期径向流公式和晚期拟稳态流公式。Nujun Li 等（1996）考虑启动压力梯度，根据水平井的椭球流态理论,通过平均质量守恒方法得到了椭球供给边界油藏中水平井的稳态产量近似公式,以及底水油藏中水平井的稳态产量近似公式,通过修正得到了含启动压力梯度的边水油藏中水平井的稳态产量公式。

二是从影响因素出发,确定敏感因素,利用数学统计学方法建立区域性的产能评价模型。如 2012 年吴俊晨提出了引入次生孔隙度、孔喉结构系数、总孔隙度三个参数,归纳出适合研究地区的产能预测方程。2015 年王慎铭分析了流体特征(包括生产气油比、原油密度、原油黏度、原油原始体积系数和饱和压力)、开采时间、井压力、表皮系数、生产压差、油嘴尺寸、开采速度、注水时机和井底流压九个方面对产能的影响因素后,归纳出对产能的影响规律,为建立区域性的产能评价模型奠定基础。2015 年张繁提出的加权储能系数产能预测方法,首先将目的层段按照储层分类原则,视对产能不同贡献大小进行分段、分级划分,确定其单贡献层的储能系数(反映了储层的储油能力),进而确定不同级别储层的贡献率(权值),然后采用加权方法确定目的层段的产能。2015 年李戈理提出了测井—测试综合评价方法,认为单井产量决定于油气含量、油气分布、渗流特性和油藏压力四个因素,利用阵列声波测井和压裂试油分别获得这四个因素的关键参数,以油气含量为中心,建立阵列声波测井和压裂试油综合评价产能的方法。2016 年张荣提出了产能主控因素有孔隙度、渗透率、含油厚度和含油饱和度,利用这四者之间的乘积与试油产量建立关系,得到数学式来预测单井产能等。

另外,一些学者在思考产能评价方法时提出了一些新的认识,当然也值得借鉴和思考。比如张冲(2007)提出要加强碎屑岩储层孔喉结构、反映压裂改造效果的总孔隙度及次生孔隙度的研究是预测压裂后储层产能的基础。毛志强等(2003)认为我国部分地区油气层产能高低可能受油气层有效渗透率和流体黏度控制,油气层的压裂改造效果主要受控于油气层压裂前的有效渗透率。刘英等还认为部分地区的产能与异常压力的分布有着密切的关系。

上述的这些观点都来源于公开查阅到的文献资料,从这些观点和研究的成果上来看,储层压裂改造后的产能预测方法以定性或者半定量的评价居多,而完全定量的预测方法还是较少,在现阶段所建立的评价体系还不是很成熟,大部分产能预测方法都属于区域性比较强的,到了其他地区就失去了迁移能力,存在的问题也比较多,比如压裂后产能预测方法大多只考虑了储层品质的影响,而没有考虑岩石的可压裂性和工程影响。另外,研究方法都比较零散,不具有系统性和完善性,没有形成完备的配套技术,仍然需要不断地深化研究。

1.2 产能预测的发展趋势

从上述的各种预测方法的优缺点可以看出,单靠测井技术是很难对储层压裂改造后的产能进行准确而完整的描述,而深化多学科综合研究和加强理论研究是提高产能预测精度和方法适用性的最佳途径。

测井技术所反映的始终是某个静态时期的地层信息,而储层压裂改造以后地层信息发生了一系列的变化,随着储层压裂以后人工裂缝的形成,原来储层对应的渗透率明显变好,当然也有例外,如果有些储层可能对外来液体敏感性较强,部分地区的储层孔隙结构和油水关系会在压裂后变得更为复杂。这些情况常规测井技术就很难反映这种动态变化，正如前文所提到的观点，测井资料更多的是反映了储层的品质，对于在压裂过程中储层发生的改变，测井资料反映的信息量就十分有限。这时候一味地依靠测井资料进行储层压裂改造后的产能预测，显然是不可取的，还要考虑其他学科专业方向，比如地质控制着总的储量，油藏动态控制着油水的变化，工程控制着单井的产量和规模，等等。只有深化多学科综合研究，才能弥补单个学科专业技术中的不足，做到模型的实时修改和矫正，以便更加接近地下的实际情况。

目前，理论研究考虑的情况都只是满足针对性的地层情况或者一定井斜，并不存在一个较为全面的理论模型，或者满足大部分情况的理论模型。这就需要着重加强开展这些问题的研究，使现阶段产能评价的理论方法和模型不再零散。另外，理论模型应用范围不广泛的一个重要原因不仅仅是参数多、求取难，还有求不准，这就限制了方法的应用推广。在今后的研究中，还应在模型参数求取方面下功夫，形成理论与实践互补的双刃剑。

2 高邮凹陷低渗透储层地质特征及测井评价面临的难点

为了更好地体现出多学科综合预测储层压裂改造后产能的优越性，以苏北盆地 W 油田 W15 断块和 F 油田为研究对象，开展低渗透砂岩储层压裂改造后产能评价方法的研究。本章着重介绍研究地区的相关地质情况以及地球物理测井所面临的问题，为后续如何利用这些资料进行储层压裂改造后产能评价奠定基础。

2.1 工区位置及地质概况

2.1.1 工区位置

W 油田位于江苏省邗江区赤岸乡于庄境内，构造位置处于高邮凹陷北斜坡带西南端（图 2.1），是由 10 个断块组成的复杂小断块油田，包括 W2 断块、W5 断块、W6 断块、W8 断块、W9 断块、W10 断块、W11 断块、W15 断块，动用含油面积 10.8km²，动用地质储量 1734.9×10⁴t，可采储量 462.89×10⁴t，采收率 26.7%，含油层系为阜宁组阜一段、阜二段。W15 断块紧靠 W2 含油断块，是受一近东西向反向南倾断层控制的断鼻构造，地层北倾，地层倾角 12°，探明含油面积 0.8km²，探明地质储量 66×10⁴t。W2 断块和 W15 断块物性较差，储层整体以压裂改造为主，而其他断块物性整体较好，储层以自然产能为主，压裂改造层段较少。选择 W15 断块作为研究对象，一方面可以在断块内部建立起储层压裂改造后产能评价方法，另一方面还可以将方法推广到其他断块进行适用性研究。

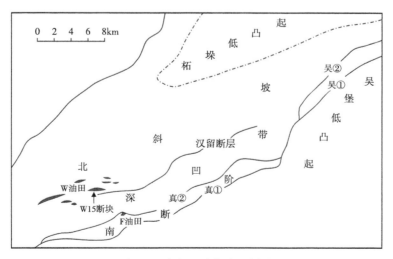

图 2.1 高邮凹陷构造区划图

F 油田地理位置位于江苏省扬州市邗江区方巷乡，区域构造位置处于苏北盆地高邮凹陷南断阶的中部，是受两条近东西走向北倾断层控制的断鼻构造，地层倾角 9°~11°（如图 2.1）。含油层系为阜宁组阜一段，含油面积 2.06km²，地质储量 194×10⁴t。F 油田包含 F4 断块、F5 断块和 F6 断块，主要以 F4 断块为主，储层整体以压裂改造为主。

2.1.2　地层发育特征

W 油田 W15 断块 $E_1f_2^3$ 砂层组为滨浅湖滩坝沉积，砂岩分布稳定，连续性好，主要的含油砂体集中在沙坝微相。E_1f_1 段为三角洲前缘沉积，以砂泥薄互层为主，隔层分布稳定，夹层分布相对不稳定。主要的含油砂体集中在三角洲前缘的水下分流河道砂，以及河口坝砂，砂体分布稳定，厚度也相对较大，最厚处可达 6m。根据电性特征、沉积旋回、含油特点以及砂层组之间稳定泥岩隔层，依照次一级旋回特点将 $E_1f_2^3$ 砂层组划分为 3 个小层，$E_1f_1^1$ 砂层组划分为 13 个小层。

F 油田主要含油层系为 E_1f_1 段，属水下冲积扇沉积，主要发育扇三角洲前缘分支水道、侧缘和水道间三种微相，沉积物源由南向北，平面上由南向北发育多条水道，纵向上多期水道叠置。根据电性特征、沉积旋回、含油特点以及砂层组之间稳定泥岩隔层，依照次一级旋回特点将 $E_1f_1^1$ 砂层组划分为 14 个小层。

2.1.3　储层特征

W 油田 W15 断块阜宁组砂岩岩性主要为长石岩屑石英粉砂—细砂岩，粒径为 0.055~0.30mm，含少量岩屑长石砂岩。$E_1f_1^1$ 砂层组储集岩主要为长石岩屑砂岩，少数为岩屑长石砂岩，石英含量介于 60%~70%，平均为 63.18%，长石主要是钾长石和斜长石两种，其中钾长石含量介于 6%~11%，平均为 9.12%，斜长石含量介于 7%~10%，平均为 8.53%，岩屑主要为火成岩、变质岩和沉积岩岩屑，含量介于 15%~24%，平均为 18.94%；储层岩石颗粒磨圆度为次棱角—次圆状，分选好，风化程度中—浅，支撑类型为颗粒支撑，接触方式为点—线接触，胶结类型为孔隙—接触胶结。$E_1f_2^3$ 砂层组储层主要为长石岩屑砂岩，石英含量介于 63%~70%，平均为 65%，长石主要为钾长石和斜长石，其中钾长石含量介于 10%~13%，平均为 11.5%，斜长石含量介于 6%~10%，平均为 8.25%，岩屑主要为火山岩、变质岩和沉积岩岩屑，含量介于 12%~17%，平均为 15.25%。储层中胶结物成分主要为云灰质，含量介于 6.5%~8.5%；储层岩石颗粒磨圆度为次棱角—次圆状，分选好—中，风化程度为中—浅，支撑类型为颗粒支撑，接触方式为点—线接触，胶结类型为孔隙—接触胶结。

W 油田 W15 断块阜宁组砂岩储层平均孔隙度为 18.1%，平均渗透率为 12.7mD，其中 $E_1f_2^3$ 砂层组储层孔隙度主要分布在 10%~25%，渗透率主要集中在 1~10mD，碳酸盐含量主要集中在 10%~20%；$E_1f_1^1$ 砂层组储层孔隙度主要集中在 15%~25%，渗透率主要集中在 0~1mD，碳酸盐含量主要集中在 10%~20%（图 2.2）。按碎屑岩储层物性分类标准，属中低孔低渗透特低渗透储层。

F 油田阜宁组阜一段砂岩储层岩石矿物成分以石英为主，平均含量在 60.8%左右，长石平均含量在 16.9%左右，岩屑含量为 22.3%，属于长石岩屑石英砂岩。填隙物主要为泥

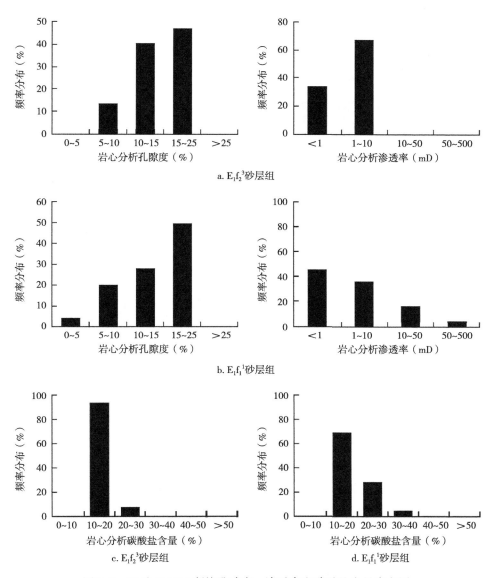

图 2.2　W 油田 W15 断块孔隙度、渗透率和碳酸盐含量直方图

质，平均含量在 5.1% 左右，次为白云石、方解石，含量较低。胶结物组分以云质为主，平均含量为 7.6%，灰质组分平均含量为 4.6%，泥质含量较少，平均含量为 3.5% ～ 5.3%。胶结类型主要为孔隙—接触式，胶结致密。

根据取心实测资料，F 油田阜一段砂岩孔隙度主要分布在 10% ～ 25%，集中在 10% ～ 15%，渗透率主要分布在 0.1 ～ 50mD，集中在 0.1 ～ 10mD，碳酸盐含量主要分布在 5% ～ 15%。按碎屑岩储层物性分类标准，F 油田阜宁组一段储层属于中低孔低渗透特低渗透储层（图 2.3）。

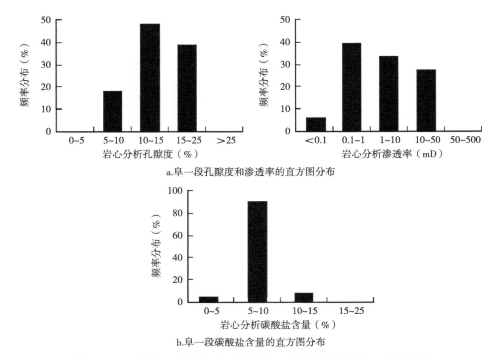

a.阜一段孔隙度和渗透率的直方图分布

b.阜一段碳酸盐含量的直方图分布

图 2.3　F 油田阜一段岩心分析孔隙度、渗透率和碳酸盐含量直方图

2.2　测井评价面临的难点

这类低渗透储层往往孔隙结构复杂，非均质性强，导致岩石物理响应与测井曲线的对应关系复杂，以往常用的做法不适合这类储层的评价，给测井解释工作带来了一系列问题，主要表现在以下三个方面。

2.2.1　岩石物理实验

以往在中高孔渗的砂岩储层中常设计的岩石物理实验主要有常规物性分析、覆压孔渗测量、粒度分析、核磁共振实验和岩电实验等。而对于低渗透储层来说，其通常意义上的"四性"关系变得复杂起来，常用的实验并不能满足这类储层的需求，换而言之，需要设计更能反映这类储层岩石物理变化的实验，总结出其"四性"关系的变化规律。

2.2.2　储层参数计算精度

在低渗透储层中微观的非均质性导致测井响应特征由简单的线性关系变为复杂的非线性关系，传统的测井响应体积模型适用性差，主要是因为在这类储层中岩性组分的复杂性和非均质性使得骨架参数不为定值，难以求准，造成孔隙度参数计算精度差（图2.4）。

同样对于渗透率的评价来说，过去往往都是假设反映渗透率的喉道较粗，把孔隙与喉道想象为直径相等的圆柱体，利用 Kozeny 方程、Morris-Biggs 公式和 Coats 公式来计算渗透率，现在应用在低渗透储层中，得到的渗透率计算结果相差几个数量级的都有，相对误差较大。

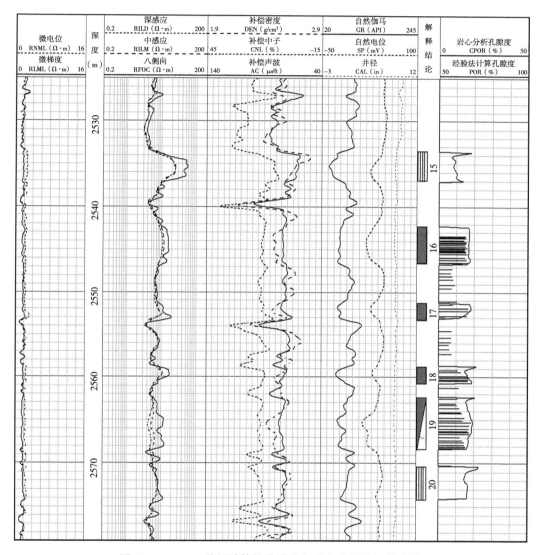

图 2.4　W15-A 井原计算的孔隙度与岩心分析的结果比较

2.2.3　产能预测方法

低渗透砂岩储层自然产能低，需要对储层进行压裂改造，才能有工业油流，而压裂改造则要破坏储层原有的孔隙结构，导致储层在压裂前后发生变化，而测井资料只反映储层压裂前的信息，对于压裂后还能反映多少信息很难说明，因而造成应用测井资料进行产能评价的难度加大。

2.3 测井评价难点的对策

针对这类储层测井评价的难点，应当从三个方面加大研究的力度，主要体现在：

（1）设计更为合适的低渗透储层岩石物理实验，为低渗透储层的解释提供依据。

低渗透储层的研究与中高孔渗储层最大的不同，在于需要考虑孔隙结构的影响。在常用的实验中，增加以孔隙结构分析为主的实验项目。因为在低渗透储层中电性的影响不单单是受流体的影响，还包括孔隙结构的影响，这也是为什么在岩电实验关系中地层因素与孔隙度的关系不再满足经典的阿尔奇线性关系的原因。基于这样的思路，在实验方法中用毛管自吸实验替代传统的驱替实验，更好地研究孔隙结构对储层电性的影响关系。另外，在低渗透砂岩储层中还要增加纵横波速度测量和三轴应力实验，研究其岩石弹性模量与地层可压性之间的关系。

（2）以体积模型为基础，以岩心刻度为手段，建立精细的储层参数模型。

对于物性较差的低渗透储层来说，受岩性的影响较大，在孔隙度的建模中要考虑岩性对三孔隙度测井曲线的影响，利用体积模型或者多矿物模型先对三孔隙度测井曲线做相应的泥质校正或者灰质校正等，再根据岩心刻度测井方法进行孔隙度建模，最终计算储层的孔隙度。对于孔隙结构复杂的储层，还需要考虑储层分类，再精细建模，这样才能更好地提高孔隙度的解释精度。另外，低渗透储层中喉道往往较细，类似孔隙度与渗透率的关系就没有那么明显，更多的是与喉道有关的参数有一定的相关性，比如束缚水饱和度、粒度参数、有效流动孔隙等，利用这类参数求取渗透率效果会更好，物理意义上也更能体现对渗流能力的描述。

（3）加大研究压裂改造后的产能评价方法。

一方面可以从理论模型上入手，找出更为适合的产能模型，另一方面也可以从影响产能的因素着手，包括工程因素、储层岩石特性等，建立起满足一定地区范围的储层改造后的产能评价方法。另外，产能评价结果还需要考虑一定的约束条件，这样才能将产能评价方法更加完善。

3 低渗透储层岩石物理响应及规律分析

针对低渗透储层的特征和测井评价的需要，除了设计常用的岩石物理实验，比如常规物性分析和粒度分析，还加测一些针对性强的岩石物理实验，比如核磁共振实验、声学实验、三轴应力实验测量以及相渗实验等，为低渗透储层的测井解释提供依据。另外，针对饱和度评价的问题，设计毛管自吸法岩电实验的测量替代传统的驱替岩电实验。本章就上述加测的岩石物理实验的过程做了具体的描述，并通过对实验结果的分析，进一步阐明低渗透储层的岩石物理性质和变化规律。

3.1 核磁共振实验及结果分析

在取心样品的选择上，除了选取重点研究地区的岩心以外，还选择了一些相邻的断块的岩心，这样做也是为了更好地弄清地区规律。利用 MARAN-2 岩心核磁共振仪器对 W 油田 W9 井、W9-4 井、W15-2 井和 WX11 井四口井 37 块岩样进行了实验测量。本次实验目的是通过测定弛豫时间分布，建立计算束缚水饱和度公式。

3.1.1 测试过程与条件

（1）实验准备：首先钻取规格柱塞岩样，并将两端取齐、取平，然后将岩样置于真空干燥箱中 85°C 条件下进行干燥至恒重为止，称岩样干重，测量长度和直径；

（2）渗透率测量：用氮气作为渗流介质，对每块岩样均测量五组不同压差和流量下的气体渗透率，通过线性回归得到克氏渗透率；

（3）岩样饱和水及孔隙度测量：将岩样抽真空 12h 以上，加压 100MPa 饱和模拟地层水，称湿重，计算孔隙度；

（4）核磁共振横向弛豫时间 T_2 测试：将饱和水的岩样置于低磁场核磁共振岩心分析仪的探头中，进行 T_2 测试，并反演计算出 T_2 谱。利用 T_2 谱定量计算束缚水饱和度、可动流体饱和度及可动流体孔隙度等参数。主要测试参数：共振频率为 2MHz，测试温度为 35℃，回波间隔为 0.3ms，等待时间为 6s，回波个数为 4096，测量标准依据按照 SY/T 6490—2014《岩样核磁共振参数实验室测量规范》。

3.1.2 测试结果及结果分析

如图 3.1、表 3.1 所示，孔隙度有三个测量值，分别是气体孔隙度、称重孔隙度和核磁共振孔隙度。气体孔隙度一般是用氮气、空气或者氦气测量，本次实验用的是氮气。称重孔隙度是用干样和饱和水的岩样相减得

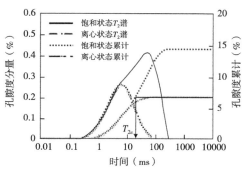

图 3.1 W 油田 9-1 号岩样的 T_2 谱的分布

到的质量，再除以饱和溶液的密度，就得到的孔隙度，最早的测量方式是封蜡排水称重法。而核磁共振孔隙度的确定，是将饱和岩样测得的 T_2 谱，用标准样品（地层水）进行刻度，将核磁共振信号强度转换成孔隙度。转换公式如下：

$$\phi_{nmr} = \sum_i \frac{m_i}{M} \frac{S}{s} \frac{G}{g} \frac{V}{v} \times 100\% \tag{3.1}$$

式中　ϕ_{nmr}——核磁共振孔隙度测量值,%;

M——标准样品 T_2 谱的总幅度,无量纲;

V——标准样品总含水量,cm^3;

S——标准样品在 NMR 数据采集时的累计次数,无量纲;

G——标准样品在 NMR 数据采集时的接受增益,%;

m_i——样品第 i 个 T_2 分量的 T_2 谱幅度,无量纲;

v——样品的体积,cm^3;

s——标准样品在 NMR 数据采集时的累计次数,无量纲;

g——标准样品在 NMR 数据采集时的接受增益,%。

另外,表1中还有两个束缚水饱和度。其中,对应于岩样 T_2 谱曲线,核磁共振束缚水饱和度等于 T_2 谱中小于 T_2 截止值 T_{2c} 的不可动峰下包面积,与整个 T_2 谱下包面积之比。束缚水体积等于束缚水饱和度与孔隙度之积,可动水体积等于孔隙体积与束缚水体积之差,数值准确的关键在于 T_2 截止值是否合适。而谱系数法（BVI）束缚水饱和度是依据弛豫时间的每一项都包含了束缚水的贡献,只是弛豫时间的大小不同,其对应的孔隙中包含的束缚水的数不一样。这样只要确定每个弛豫时间项中束缚水所占的比例,给出各个 T_2 项的束缚水权系数,就可按以下公式计算岩样的束缚水饱和度：

$$S_{wir} = \sum_i W_i T_{2i} \tag{3.2}$$

$$W_i = 100/(aT_{2i} + 1) \tag{3.3}$$

式中　S_{wir}——离心束缚水饱和度,%;

a——权系数,无量纲;

W_i——计算的第 i 个权系数分量;

T_{2i}——第 i 个 T_2 分量的核磁共振 T_2 谱幅度,无量纲。

此外,还有 T_2 截止值,它的确定方法是对离心前后的 T_2 谱分别作累积线,从离心后的 T_2 谱累积线最大值处作 X 轴平行线,与离心前的 T_2 谱累积线相交,由交点引垂线到 X 轴,其对应的值为 T_{2c},如图 3.1 所示。

表 3.1 最后两组数据是饱和几何均值 T_{2g} 和饱和算术均值 T_{2s},常用来求取孔隙结构等相关参数。其计算公式如下：

$$T_{2s} = \frac{\sum T_{2i}\phi_i}{\phi_{nmr}} \tag{3.4}$$

$$T_{2g} = (\prod T_{2i}^{\phi_i})^{\frac{1}{\phi_{NMR}}} \tag{3.5}$$

式中　　T_{2g}——饱和几何均值，ms；

　　　　T_{2s}——饱和算术均值，ms。

表 3.1　W 油田部分样品的核磁共振实验测量结果

序号	样品编号	渗透率（mD）	气体孔隙度（%）	称重孔隙度（%）	核磁共振孔隙度（%）	BVI束缚水饱和度（%）	核磁共振束缚水饱和度（%）	T_2截止值（ms）	饱和几何均值（ms）	饱和算术均值（ms）
1	2-1	5.263	17.211	17.208	17.171	45.78	44.66	34.28	36.356	65.063
2	2-2	3.893	15.767	15.629	15.538	46.71	45.38	39.75	40.272	88.455
3	2-4	1.154	12.728	12.711	12.678	58.13	57.44	38.77	29.183	67.097
4	2-5	1.446	12.918	12.794	12.804	60.53	60.07	45.74	30.812	73.073
5	2-7	7.02	14.509	14.486	14.416	43.86	43.93	36.59	37.209	78.006
6	2-8	3.903	15.595	15.587	15.423	50.72	49.56	32.83	27.191	57.484

通过对表 3.1 中的实验结果分析和图 3.2、图 3.3 的实验关系，可以取得以下三点认识：

（1）气体孔隙度、称重孔隙度和核磁共振孔隙度测量结果相比较，气体孔隙度测量值大于称重孔隙度和核磁共振孔隙度，原因在于气分子小于水分子，可以进入到更小的孔隙中，因此气体孔隙度更能反映孔隙度，而称重孔隙度和核磁共振孔隙度测量结果数值差不多，原因在于都是对于饱和水体积的孔隙进行测量，因此两者数值相当。

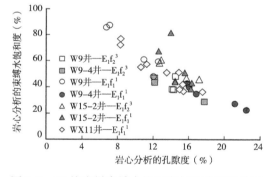

图 3.2　37 块岩样束缚水饱和度与孔隙度的关系　　图 3.3　37 块岩样束缚水饱和度与渗透率的关系

（2）从束缚水饱和度的确定方法上，核磁共振束缚水饱和度的数值准确性受控于 T_2 截止值的选取，而 BVI 束缚水饱和度是将弛豫时间中每一项的束缚水的贡献信息提取出来，确定每个弛豫时间项中束缚水所占的比例，因此 BVI 束缚水饱和度更能代表束缚水饱和度。

（3）如图 3.2 和图 3.3 所示，W 油田四口井 37 块岩样束缚水饱和度都与孔隙度、渗透率呈反比关系，不管是 $E_1f_2^3$ 砂层组还是 $E_1f_1^1$ 砂层组，两者趋势都非常明显。因此，可以利用岩心分析的孔隙度和渗透率一起建立束缚水饱和度的模型。

3.2　毛管自吸法岩电实验及结果分析

建立饱和度模型，岩石电性实验是基础。岩石电性实验常用的方法是驱替法，但是对于低渗透储层来说，在实验过程中驱替法需要增加更大的压力，这样的后果很容易破坏岩心的孔隙结构，因此驱替法在低渗透岩心实验中很难行得通。本次实验采用毛管自吸法，以准确获取岩石电阻率实验数据。

毛管自吸法岩电实验是利用岩样自身的毛管压力，让岩样自然吸水，由低含水饱和度向高含水饱和度过渡，从而获取储层岩样不同的饱和度指数。该方法不破坏岩心内部结构和成分，可以建立完全饱和水状态和任意含水饱和度状态，而且使水均匀分布在岩样中，获得完整的岩电关系。其中关键的步骤就是如何让岩样自然吸水且满足实验所需要建立含水饱和度的水质量，采用一张含孔隙的纤维浸湿配置好的地层水溶液，将岩心在纤维上滚动，保证岩心除两端面之外的外表面均匀浸湿，重复操作，直至岩样吸入实验所需的水质量。

毛管自吸法的优缺点是：在毛管自吸法获得岩心含水饱和度与电阻增大率关系的过程中，水将优先充满细小晶间孔喉，随着含水饱和度的增加，导电网络路径将逐渐建立，电阻率将会成比例降低，这个过程中满足正常的岩心岩电关系。但对溶蚀孔洞发育的岩心采用这种方法能够建立的含水饱和度能力有限，毛管压力不足以使自吸水充满溶蚀孔洞，靠自吸进入的水实际上分布在细小晶间孔、喉建立的导电网络中，在这一含水饱和度段，岩心含水饱和度—电阻率满足正常岩电关系。但当通过加压等方式辅助自吸提高岩心含水饱和度后，这部分水进入岩心将逐渐充填分散的溶蚀孔洞，含水饱和度增加明显，分散的溶蚀孔洞对导电性影响小。这一阶段随含水饱和度增加明显，但电阻率变化小，偏离正常岩电关系。在毛管自吸法获得岩心含水饱和度与电阻增大率关系的过程中，岩石内部细小晶间孔喉中含水量及分布对导电性变化起主要作用。

3.2.1　测试过程与条件

毛管自吸法实验具体步骤如下：

（1）岩样钻取。沿垂直于钻井岩心柱的轴向方向，钻取不同物性的柱塞岩样，每块岩样的尺寸约为直径25mm，长度为30~50mm；

（2）岩样洗油和洗盐，精确测量岩心孔隙体积和样品干重；

（3）配置地层水溶液，精确测量地层水密度、电阻率等；

（4）设定所要建立的含水饱和度；

（5）确定建立地层水矿化度条件下的含水饱和度所用地层水的体积；

（6）用地层水将一张含孔隙的纤维浸湿，将岩心在纤维上滚动，保证岩心除两端面之外的外表面均匀浸湿；

（7）重复步骤（6），直到岩样吸入水的质量是所要建立含水饱和度需要的水质量；

（8）将岩样快速（<30s）放入真空器皿中，抽真空一段时间（1h）后静置（6h）（真空器皿中要保持湿润的环境）以保证水在岩心中均匀分布；

（9）重新检查最终岩样质量，以保证建立含水饱和度是正确的（即所需要的）；

（10）测量样品电阻率。

3.2.2　测试结果及结果分析

采用毛管自吸法岩电实验共做了63块岩样，其中F油田12块、W油田51块。如图3.4、图3.5所示，可以取得以下两点认识：

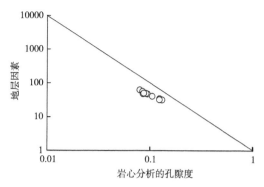

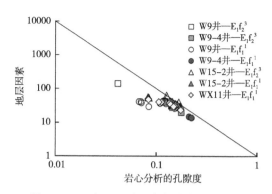

图 3.4 F 油田地层因素与孔隙度的关系　　　图 3.5 W 油田地层因素与孔隙度的关系

（1）无论是 F 油田的阜一段，还是 W 油田 W9 断块、W11 断块和 W15 断块的阜一段和阜二段，地层因素与孔隙度的关系都偏离了阿尔奇经典的线性关系，并且孔隙度小于15%以下的时候，偏离程度越大，因此阿尔奇公式明显不适用中低孔低渗特低渗透储层的饱和度评价。

（2）W 油田 W9 断块、W11 断块和 W15 断块的地层水矿化度不同，其中 W9 断块地层水矿化度 29000mg/L 和 W11 断块层水矿化度 27000mg/L 数值比较接近，而 W15 断块地层水矿化度只有 20000mg/L，数值最低，但是从图 3.5 的 W 油田三个断块地层因素与孔隙度的关系中可以发现，地层水矿化度的差异性对地层因素与孔隙度的关系影响不大。

3.3　纵横波速度和三轴应力实验及结果分析

开展岩样的纵横波速度测量实验及三轴应力实验研究，主要是为了建立纵横波时差之间的关系，以及建立弹性模量的动静态转化关系，对地应力解释与可压裂性评价有着重要意义。

3.3.1　测试过程与条件

测量岩样的纵横波速度是利用超声脉冲透射法的原理，实验原理如图 3.6 所示。首先将两探头对接，观察示波器上接收波形起跳点的时间是否为零，如起跳点时间不为零，就可以通过调整脉冲源 HP214B 中的脉冲位置的旋钮，将起跳点的时间调到零点，这样就可以直接得到通过岩心的首波到达时间。

通过公式可以计算出岩心的速度：

$$v = \frac{两测量面间的距离}{首波到达时间} \quad (3.6)$$

式中　v——岩心的速度，m/s。

岩石三轴应力实验是在三轴应力状态下测定岩石的强度和变形的一种方法。实验样品要求为圆柱体直径 25.2mm，高度不

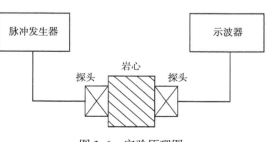

图 3.6　实验原理图

低于 48mm。在实验中，通过恒定围压下施加轴向压应力直至岩样破坏的过程，记录形变参数，计算获得弹性模量。

3.3.2 测试结果及结果分析

纵横波速度测量实验共做了 38 块岩样。其中 F 油田 15 块、W 油田 23 块。通过测量得到的纵横波速度，可以很容易转化成对应的纵横波时差，另外纵横波速度也可以计算出动态的弹性模量，比如杨氏模量和泊松比，计算公式如下：

$$E = \frac{\rho_b}{\Delta t_s^2} \frac{3\Delta t_s^2 - 4\Delta t_p^2}{\Delta t_s^2 - \Delta t_p^2} \tag{3.7}$$

$$\mu = \frac{1}{2} \frac{\Delta t_s^2 - 2\Delta t_p^2}{\Delta t_s^2 - \Delta t_p^2} \tag{3.8}$$

式中　E——杨氏模量，GPa；

ρ_b——体积密度，g/cm³；

Δt_s——横波时差，μs/m；

Δt_p——纵波时差，μs/m；

μ——泊松比，无量纲。

值得注意的是，岩样三轴应力实验结果得到的弹性模量均为静态弹性模量。其中，杨氏模量测定是在弹性限度内，当作弹性体处理的岩石在发生伸长（或压缩）形变时，拉伸（或压缩）应力与同方向上的相对伸长（或缩短），即外加应力方向上的线应变成正比，其比例系数即为杨氏模量。而泊松比的测量是在岩样受拉伸应力时，受力方向上发生伸长，而在与受力方向垂直的方向上发生缩短，其横向线应变（缩短）与纵向线应变（伸长）的比例值即为泊松比。

由于在测井中得到的都是动态弹性模量，数值受孔隙流体的影响，多井进行对比的时候，数值的高低不能反映岩石真实的弹性模量，因此只有将计算的动态弹性模量转化成静态的弹性模量，才能进行多井的比较，为钻井、压裂施工提供技术支持。

如图 3.7 至图 3.13 所示，可以取得以下三点认识：

（1）从图 3.7 和图 3.9 中可以看出，纵波时差与横波时差有很好的关系，在没有横波资料的情况下，可以通过纵波时差来求取横波时差。从图 3.8 和图 3.10 中可以看出，体

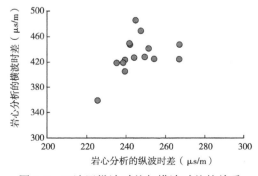
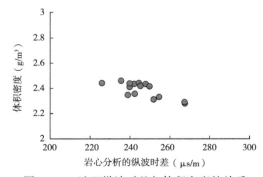

图 3.7　F 油田纵波时差与横波时差的关系　　图 3.8　F 油田纵波时差与体积密度的关系

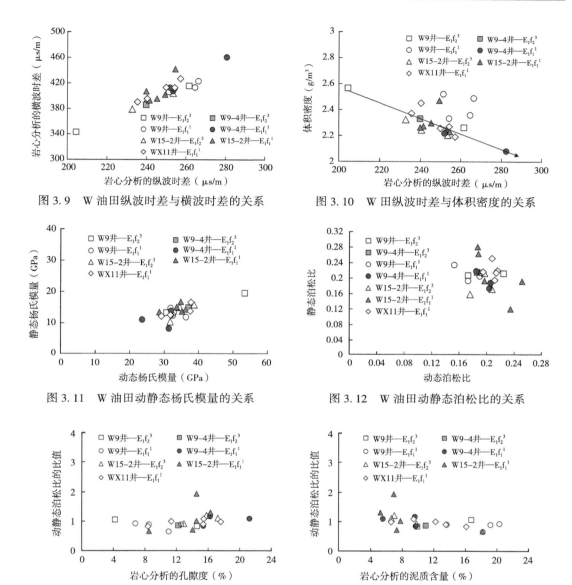

图 3.9　W 油田纵波时差与横波时差的关系　　图 3.10　W 田纵波时差与体积密度的关系

图 3.11　W 油田动静态杨氏模量的关系　　图 3.12　W 油田动静态泊松比的关系

图 3.13　W 油田动静态泊松比之间的比值分别与孔隙度、泥质含量之间的关系

积密度与纵波时差也有很好的关系，在只有单声波测井资料的情况下，可以近似用纵波时差求取体积密度。

（2）从图 3.11 中可以看出，动态杨氏模量与静态杨氏模量之间有很好的关系，依据实验室中的结果可以建立起地区的杨氏模量动静态转化关系。

（3）由图 3.12 所示，动态泊松比与静态泊松比之间呈反比关系，跟文献中描述的两者呈正比关系不符。分析原因可能与样品含砂量和含泥量多少有关。通过动静态泊松比的比值分别与孔隙度、泥质含量之间的关系，可以得出动静态泊松比的比值受孔隙度影响较大，受泥质影响较小（图 3.13）。因此在建立地区的泊松比动静态转化关系的时候，要考虑孔隙度的影响。

3.4 油水相对渗透率实验及结果分析

在注水油藏中，一般油藏流体是油水共存的，若油藏压力低于饱和压力，则会出现油气水三相共存。当岩石孔隙内存在多相流时，在研究油藏流体渗流和油藏开发时就要掌握流体的有效渗透率和相对渗透率。所谓有效渗透率，就是当岩石孔隙内存在多相流时，其中某相流体能过岩石的能力。它与岩石孔隙本身的特性有关，又与流体性质、流体在孔隙中分布及流体饱和度有关。而相对渗透率是有效渗透率与基础渗透率之比。通常把束缚水时的油相渗透率作为油水相对渗透率的基础渗透率。

油水相对渗透率测试的方法有两种，即稳态法和非稳态法。稳态法是使油水按固定比例通过岩样，直到建立起饱和度和压力的平衡为止，求得此时平衡态饱和度压力值，然后直接用达西定律计算出油水相对渗透率。非稳态法则是在注水驱油过程中测得不同时刻的岩心两端压差、出口端的各相流体流量，然后用数学公式计算求得相对渗透率。在此过程中，含水饱和度在岩样内的分布是时间和地点的函数，因此把此过程称为非稳态过程。

本次油水相对渗透率测试采用非稳态法。与稳态法相比，非稳态测定相对渗透率的方法所需时间少，但数学处理难度较大。在非稳态方法测定相对渗透率实验时，必须满足下列条件：（1）实验过程中要施加足够大的压力梯度以减少毛管压力的作用；（2）岩心是均质的；（3）在实验的全过程中流体性质不变。

3.4.1 测试过程与条件

实验装置如图 3.14 所示，整个流程主要由注入系统、岩心夹持器系统、采出计量系统等组成。测量标准依据按照 SY/T 5345—2007《岩石中两相流体相对渗透率测定方法》，测量步骤如下：

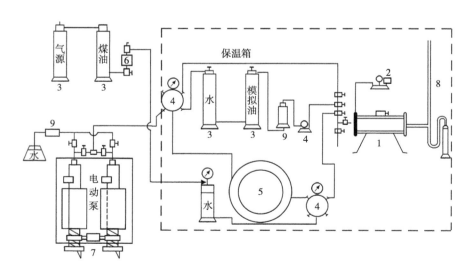

图 3.14 油水相对渗透率实验装置示意图

1—岩心夹持器；2—压力传感器；3—高压容器；4—阀门座；5—高压盘管；
6—压力定值器；7—过滤器；8—油水计量分离器；9—恒速泵

（1）使岩心 100% 饱和水，然后用油驱水至不再出水为止。用离心机分离驱替出的油水，计量被油驱出的水量，计算初始含水饱和度。

（2）静置岩心 12 小时，使其达到毛管平衡。

（3）对于恒速注入，调节定量泵，使驱替液以恒定流速进入岩心。对于恒压注入，调整气驱柱塞泵以恒定压力输送驱替液。

（4）开启驱替泵，并计时。

（5）若使用水和原油驱替系统，用带刻度的离心集液管计量出口的液体并计时。若使用气液驱替系统，用气体流量计计量出口的气体，用带刻度的量筒计量出口的液体并计时。

（6）当出口驱替液中不在含油时或达到预定注水体积后，停止实验。

（7）如果使用原油，用离心机分离油和水，记录每一段时间驱出的油水量及时间。

（8）计算累计油水量，以注入孔隙体积倍数为横坐标，绘制累计出油曲线。

（9）对每一时段计算油水的流率、相对渗透率和平均含水饱和度。

3.4.2　测试结果及结果分析

油水相对渗透率实验共做了 19 块岩样，样品全部来源于 W 油田。其中，W15 断块模拟油黏度为 9.4mPa·s，W9 断块和 W11 断块模拟油黏度为 5.4mPa·s。图 3.15 是 9-1 号样品的油水相对渗透率曲线，部分实验结果见表 3.2。从表 3.2 中可以看出，油水相相对渗透率实验还可以提供束缚水饱和度和残余油饱和度。另外，从图 3.15 中还可以得出每块样品残余油饱和度对应的水相相对渗透率，以及每块样品束缚水饱和度对应的油相相对渗透率，本次实验束缚水饱和度对应的油相相对渗透率为 100%。

图 3.16 是 W 油田残余油饱和度分别与岩心分析的孔隙度、渗透率的关系，图 3.17 是 W 油田束缚水饱和度分别与残余油饱和度、残余油饱和度与束缚水饱和度的比值的关系，图 3.18 是 W 油田残余油对应的水相渗透率分别与岩心分析的孔隙度、渗透率的关系，图 3.19 是 W 油田残余油对应的水相渗透率与残余油饱和度的关系。从这些交会图中可以取得以下三点认识：

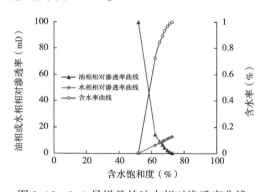

图 3.15　9-1 号样品的油水相对渗透率曲线

（1）从图 3.16 和图 3.17 中可以看出，残余油饱和度与岩心分析的孔隙度、渗透率以及束缚水饱和度的关系都比较差，说明这些参数直接求取残余油饱和度都不可取。而图 3.17 中束缚水饱和度与残余油饱和度和束缚水饱和度的比值关系非常好，可以利用两者的关系建立残余油饱和度的模型。

（2）通过对核磁共振实验测得的束缚水饱和度和油水相对渗透率测量的束缚水饱和度比较发现（表 3.1 和表 3.2），油水相相对渗透率测量的束缚水饱和度要大于核磁共振实验测得的束缚水饱和度。目前，公认核磁共振实验测得的束缚水饱和度是最准确的，因此在残余油的饱和度的计算中，应当把束缚水饱和度用磁共振实验测得的束缚水饱和度来代替，这样才能得到准确的结果。

（3）由于 W15 断块相对 W9 断块和 W11 断块模拟油黏度要高，因此在图 3.18 中明显

19

看出 W15 断块的样品点的规律与 W9 断块和 W11 断块的样品点的规律不同，因此在规律总结上要考虑分块。

（4）从图 3.18 和图 3.19 中可以得出，残余油饱和度对应的水相相对渗透率与岩心分析的孔隙度和渗透率都有很好的关系，而与残余油饱和度的关系较差，说明可以利用岩心分析的孔隙度和渗透率建立残余油饱和度对应的水相相对渗透率的模型。

表 3.2   W 油田部分岩心油水相对渗透率测量实验结果

序号	样品编号	孔隙度（%）	渗透率（mD）	油相渗透率（%）	束缚水饱和度（%）	残余油饱和度（%）	模拟油密度（g/cm³）	注入水密度（g/cm³）	模拟油黏度（mPa·s）	检测温度（℃）
1	2-2	15.77	3.89	1.12	50.08	26.80	0.841	1.014	9.4	25
2	2-5	12.92	1.45	0.23	63.95	21.50	0.841	1.014	9.4	25
3	2-7	14.51	7.02	2.92	49.43	25.78	0.841	1.014	9.4	25
4	2-8	15.60	3.90	0.94	53.61	25.71	0.841	1.014	9.4	25
5	2-9	16.38	6.62	1.98	47.90	26.69	0.841	1.014	9.4	25

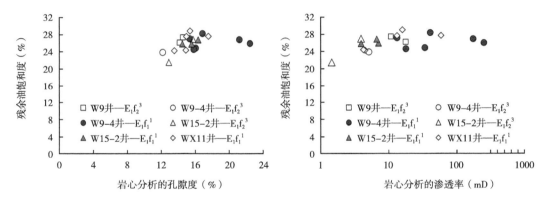

图 3.16   W 油田残余油饱和度分别与岩心分析的孔隙度、渗透率的关系

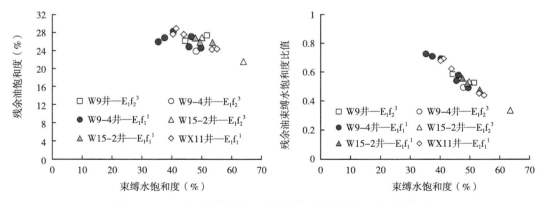

图 3.17   W 油田束缚水饱和度分别与残余油饱和度、残余油饱和度与束缚水饱和度的比值的关系

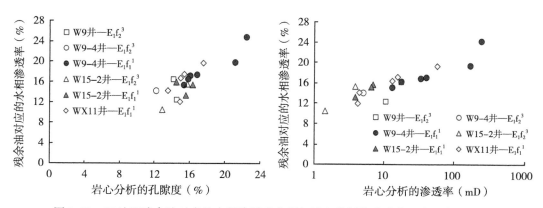

图 3.18 W 油田残余油对应的水相渗透率分别与岩心分析的孔隙度、渗透率的关系

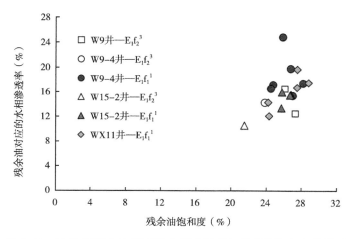

图 3.19 W 油田残余油对应的水相渗透率与残余油饱和度的关系

4 低渗透储层参数精细评价

储层参数计算是油气藏测井评价的主要内容之一。对于低渗透储层来说，孔隙结构复杂，受岩性的影响较大，层内非均质性较强，这些都导致孔隙度、渗透率和饱和度计算具有相当大的特殊性，不能完全照搬照套中高孔渗储层的计算方法，否则，不仅计算精度不能保证，甚至会产生一些错误的认识。为此，本章在深入分析低渗透储层参数影响因素的基础上，结合第 3 章的岩石物理实验结果分析，着重讨论精细建模，以满足储层定量解释的精度要求。

4.1 泥质含量精细建模方法

泥质含量指砂岩骨架中粒径小于 $10\mu m$ 的颗粒体积占岩石体积的百分比。这一定义充分表明，"泥质"实质上是一种粒度的概念。通常泥质的求取方法有两种，第一种是经验法，其形式为：

$$\Delta GR = \frac{GR - GR_{min}}{GR_{max} - GR_{min}}$$

$$V_{sh} = \frac{2^{\Delta GR \times GCUR} - 1}{2^{GCUR} - 1} \times 100$$

（4.1）

式中　V_{sh}——地层泥质含量，%；

ΔGR——自然伽马相对值；

GR——实际测量的地层自然伽马测量值，API；

GR_{max}——纯泥岩地层自然伽马值，API；

GR_{min}——纯砂岩地层自然伽马值，API；

$GCUR$——泥质含量模型参数，一般在新地层中取值 3.7，在老地层中取值 2。

但是很多时候 GCUR 不一定就为 3.7 或者 2，可能取 3，也可能取 2.5，不同地区有不同的取值结果，因此这种经验法并不适用。

第二种方法是岩心刻度法。泥质既然被定义为一种粒度的概念，因而泥质含量的计算就离不开平均粒径或粒度中值。其中，粒度中值在某种程度上代表性较差，不能表示粗、细两侧的粒度变化，而平均粒径却更能反映。

图 4.1 是 W 油田 W15 断块及邻近区块四口岩心井平均粒径与泥质含量之间的关系，从图上可以看出，四口井不同砂层组岩心分析的平均粒径与泥质含量关系呈同一个指数关系，也就是说 W 油田三个不同的断块可以用同一个平均粒径求取泥质含量的公式，在删除一个异常点后，两者的单相关系数达到 0.99 以上。

而平均粒径可以通过自然伽马相对值或自然电位相对值来求取，也可以用中子—密度

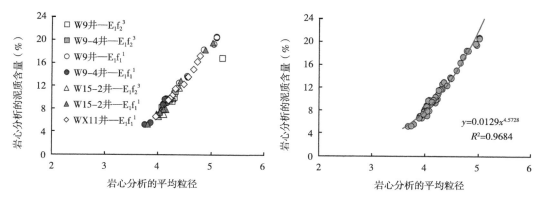

图 4.1 W 油田四口岩心井平均粒径与泥质含量之间的关系

孔隙度的差值来求取，在这里就不再具体介绍了。综上所述，W 油田 W15 断块的泥质含量求取公式整理如下。

W 油田 W15 块 $E_1f_2{}^3$ 砂层组：

$$CMZ = 1.7500\Delta GR + 4.1000 \qquad R = 0.8712 \qquad (4.2)$$

W 油田 W15 块 $E_1f_1{}^1$ 砂层组：

$$CMZ = 1.5991\Delta GR + 3.6712 \qquad R = 0.8532 \qquad (4.3)$$

$$V_{sh} = 0.0129CMZ^{4.5728} \qquad R = 0.9841 \qquad (4.4)$$

式中　CMZ——平均粒径；

　　　ΔGR——自然伽马相对值；

　　　V_{sh}——泥质含量，%。

4.2　碳酸盐含量精细建模方法

常规测井曲线对碳酸盐含量的增加反应敏感，随碳酸盐含量的增加，测井曲线呈现"三低两高"的特点，即低补偿中子、低声波时差、低自然伽马、高电阻率、高体积密度。图 4.2 是 W 油田 W15-2 井 1485～1530m 井段碳酸盐含量的特征变化与测井响应的对应关系。从图上可以看出，声波时差、自然伽马和深感应电阻率都与碳酸盐含量有很好的对应关系，另外，微电极电阻率和微梯度电阻率也与碳酸盐含量有很好的对应关系。因此，可以利用这些敏感测井参数与碳酸盐含量的变化进行多元拟合，建立了碳酸盐含量的解释模型，公式如下。

W 油田 W15 断块 $E_1f_2{}^3$ 砂层组：

$$V_{ca} = 8.72 - 5.82 \times 10^{-2} \Delta t - 0.25GR + 0.5RLML + 1.13RNML \qquad R = 0.74 \qquad (4.5)$$

W 油田 W15 断块 $E_1f_1{}^1$ 砂层组：

$$V_{ca} = 38.1 - 0.12\Delta t - 0.899 \times 10^{-2} GR + 0.65RLML + 0.22RNML \qquad R = 0.72 \qquad (4.6)$$

式中　V_{ca}——碳酸盐含量，%；

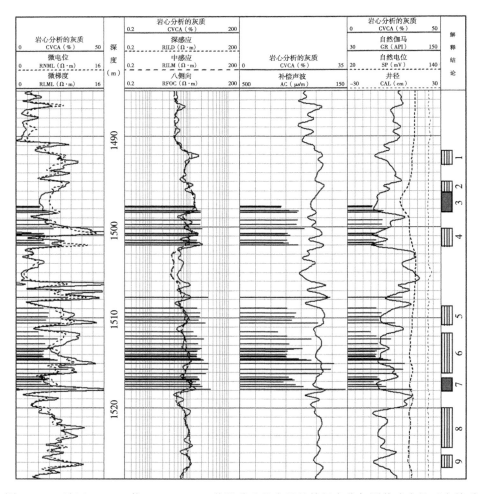

图 4.2　W 油田 W15-2 井 1485~1530m 井段碳酸盐含量的特征变化与测井响应的对应关系

Δt——声波时差，μs/m；

GR——自然伽马测井值，API；

RLML——微梯度电阻率，Ω·m；

RNML——微电位电阻率，Ω·m。

4.3　孔隙度精细建模方法

　　孔隙度是反映油田地质特点的重要参数，常用的计算方法有声波、中子、密度的单一孔隙度法和双矿物交会的方法等。其中，对于物性较好的中高孔储层来说，受岩性的影响较小，孔隙度与三孔隙度测井曲线有很好的趋势和相关性，就可以准确计算地层孔隙度。但是对于物性较差的低孔渗储层来说，受岩性的影响较大，在孔隙度的建模中首先要考虑岩性对三孔隙度测井曲线的影响，然后利用体积模型或者多矿物模型先对三孔隙度测井曲线做相应的泥质校正或者灰质校正等，再根据岩心刻度方法进行孔隙度建模，最终计算储层的孔隙度。本书的储层均为中低孔低渗透特低渗透储层，在孔隙度的建模中需要考虑泥质和灰质含量的影响，考虑到 F 油田没有粒度分析资料，因此本节侧重以 W 油田的 W15 断块为例来介绍孔隙度建模的具体方法。

图 4.3 是 W 油田 W15 断块及邻近区块四口岩心井不同砂层组孔隙度分别与碳酸盐含量、泥质含量的关系。从图上可以看出，孔隙度随碳酸盐含量的变化关系有整体趋势，但是整体关系一般，当然也有孔隙度随碳酸盐含量变化趋势好的井段。而孔隙度随泥质含量的变化整体趋势较好，说明大部分井段泥质对孔隙度影响较大。

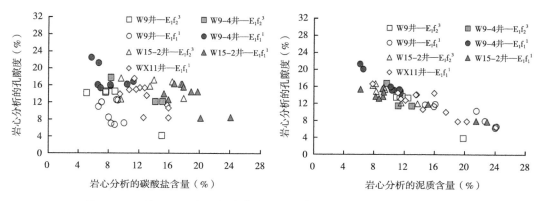

图 4.3　W 油田四口岩心井孔隙度分别与碳酸盐含量、泥质含量的关系

既然 W 油田孔隙度受碳酸盐含量和泥质含量的影响，就必须在岩石体积模型中考虑岩性的影响。图 4.4 是岩石体积模型，它将岩石分为四个组成部分：骨架、灰质（碳酸盐）、泥质、孔隙，于是声波时差就可以看作是上述四个部分的加权平均。

图 4.4　岩石体积模型

基于体积模型的声波时差表达式：

$$\Delta t = \Delta t_{ma}\left(1-\phi-V_{ca}-V_{sh}\right)+\Delta t_{sh}V_{sh}+\Delta t_{ca}V_{ca} \tag{4.7}$$

式（4.7）变换求解出孔隙度的表达式如下：

$$\Delta t-\Delta t_{sh}V_{sh}-\Delta t_{ca}V_{ca}=B+A\phi \tag{4.8}$$

当泥质含量很低，只校正灰质，式（4.8）可改为：

$$\Delta t - \Delta t_{ca}V_{ca} = C + D\phi \tag{4.9}$$

式中　　ϕ——孔隙度；

　　　　Δt——声波时差，$\mu s/m$；

　　　　Δt_{ma}——岩石骨架声波时差，$\mu s/m$；

　　　　Δt_f——流体声波时差；

　　　　Δt_{ca}——灰质声波时差，$\mu s/m$；

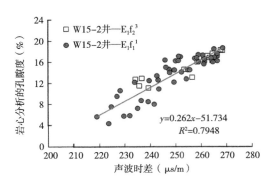

图 4.5　W 油田 W15 断块孔隙度
与声波时差的关系

Δt_{sh}——泥质声波时差，$\mu s/m$；

V_{ca}——灰质含量；

V_{sh}——泥质含量；

A，B，C，D——常数，无量纲。

图 4.5 至图 4.7 分别是 W 油田 W15 断块不同砂层组岩心分析的孔隙度与声波时差、校正灰后声波时差以及校正灰后声波时差的关系。从图上可以看出，W15 断块 $E_1f_2^3$ 砂层组的孔隙度模型需要用校正灰后的声波时差来求取孔隙度。而 W15 断块 $E_1f_1^1$ 砂层组孔隙度模型则需要根据泥质含量的轻重，来选择用校正灰后的声波时差或者校正灰后的声波时差来求取孔隙度。具体公式如下。

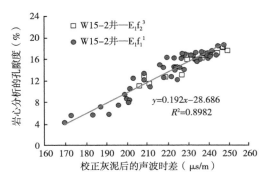

图 4.6　W15 断块孔隙度与
校正灰泥后声波时差的关系

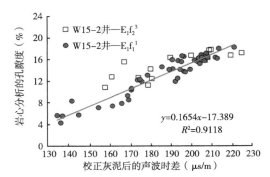

图 4.7　W 油田 W15 断块孔隙度与
校正灰泥后声波时差的关系

W 油田 W15 断块 $E_1f_2^3$ 砂层组：

$$\phi = 0.1920(\Delta t - V_{ca}\Delta t_{ca} \times 0.01) - 28.686 \qquad R = 0.9477 \qquad (4.10)$$

W 油田 W15 断块 $E_1f_1^1$ 砂层组：

（1）适用于泥质含量较低时：

$$\phi = 0.1920 \times (\Delta t - V_{ca}\Delta t_{ca} \times 0.01) - 28.686 \qquad R = 0.9477 \qquad (4.11)$$

（2）适用于泥质含量较重时：

$$\phi = 0.1654 \times (\Delta t - V_{ca}\Delta t_{ca} \times 0.01 - V_{sh}\Delta t_{sh} \times 0.01) - 17.3890 \qquad R = 0.9549$$

$$(4.12)$$

式中　ϕ——孔隙度，%；

　　　Δt——声波时差，$\mu s/m$；

　　　V_{ca}——碳酸盐含量，%；

　　　Δt_{ca}——碳酸盐（灰质）声波时差骨架值，$\mu s/m$；

　　　Δt_{sh}——泥岩声波时差骨架值，$\mu s/m$，其中，泥岩声波时差骨架值是通过泥岩段的频率直方图获取。

图 4.8 是 W 油田 W15 断块 W15-B 井 1485~1520m 井段的孔隙度处理成果图。从图上可以看出，利用图 4.5 中单声波与孔隙度的关系计算的结果，整体大于岩心分析的孔隙度，而利用式（4.10）至式（4.12）计算的孔隙度与岩心分析的孔隙度对应关系较好。图 4.9 和图 4.10 是两种孔隙度计算方法的误差对比，其中单声波计算的孔隙度与岩心分析值的绝对误差在 2.190% 左右，计算的校正灰（泥）后孔隙度与岩心分析值的绝对误差在 1.480% 左右。综上所述，说明本书建立的孔隙度模型能够提高这 W 油田 W15 断块的孔隙度计算精度。

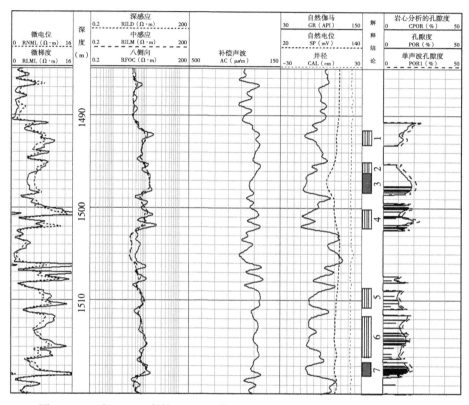

图 4.8 W 油田 W15 断块 W15-B 井 1485~1520m 井段的孔隙度处理成果图

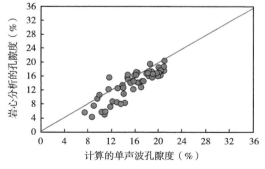

图 4.9 W 油田 W15 断块传统的孔隙度计算值与岩心分析值对比

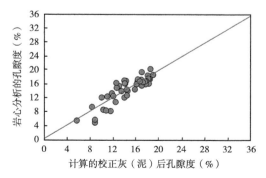

图 4.10 W 油田 W15 断块校正灰（泥）后声波孔隙度计算值与岩心分析值对比

4.4　渗透率精细建模方法

渗透率也是储层参数评价中重要的参数之一。目前，常用的渗透率计算方法有 Kozeny 方程、Morris-Biggs 公式、单孔隙度—渗透率关系等，这三种方法只适用于中等孔隙度（15%~25%）的纯净砂岩地层，因为在物性较好的储层中，可以假设反映渗透率的喉道较粗，把孔隙与喉道想象直径相等的圆柱体。而在物性较差的低渗透地层中喉道较细，孔隙度与渗透率的关系就没有那么明显，更多的是与喉道有关的参数有一定的相关性，比如束缚水饱和度、粒度参数等。因此，对于研究的中低孔低渗特低渗透储层来说，渗透率的求取尤为重要。

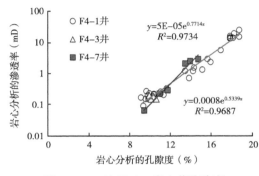

图 4.11　F 油田三口岩心井阜一段孔隙度与渗透率的关系

本节就以 F 油田为例，分别利用单孔隙度—渗透率关系、Wyllie-Rose、Timur 渗透率模型以及基于等效岩石组分理论的渗透率测井解释模型（EREM 模型）来考查各自的适用性。

4.4.1　单孔隙度—渗透率模型

图 4.11 是 F 油田三口岩心井阜一段孔隙度与岩渗透率之间关系，两者呈指数关系，因此利用孔隙度建立渗透率的解释模型，公式如下。

F 油田 F4-1 井和 F4-3 井区：

$$K = 0.0008\mathrm{e}^{0.5339\phi} \qquad R = 0.9842 \qquad (4.13)$$

F 油田 F4-7 井区：

$$K = 5 \times 10^{-5}\mathrm{e}^{0.7714\phi} \qquad R = 0.9866 \qquad (4.14)$$

式中　ϕ——孔隙度，%；

　　　K——渗透率，mD。

4.4.2　Wyllie-Rose、Timur 渗透率模型

Kozeny 和 Carman 等研究认为渗透率与孔隙度成正比，与岩石单位体积比表面积成反比，基于此，建立了渗透率与孔隙度、岩石颗粒比表面积的简单关系，即 Carman-Kozeny 方程：

$$K = \frac{\phi^3}{5A_{\mathrm{g}}(1-\phi)^2} \qquad (4.15)$$

式中　A_{g}——岩石单位体积比表面积，$\mu\mathrm{m}^{-1}$。

由于岩石颗粒比表面积很难用测井资料进行表征，因此 Wyllie 和 Rose 对 Carman-Kozeny 方程进行了修改，方程中用束缚水饱和度替代了颗粒比表面积，Wyllie-Rose 方程

的一般形式表示为

$$K = \frac{P\phi^Q}{S_{\mathrm{wir}}^R}$$ （4.16）

式中　P，Q，R——可变系数，可通过岩心分析资料获取。

　　Timur 等依据 Wyllie-Rose 方程，以来自不同油田的 156 块砂岩岩心分析资料，建立了渗透率与孔隙度、束缚水饱和度的相关关系，简称 Timur 方程：

$$\sqrt{K} = \frac{100\phi^{2.25}}{S_{\mathrm{wir}}}$$ （4.17）

4.4.3　基于等效岩石组分理论的渗透率测井解释模型

4.4.3.1　等效岩石组分理论

　　在等效岩石组分理论中，将整个岩石等效为多个网格单元，对于每个网格单元，孔隙空间被划分成两个正交的组分。组分 P_f 平行于电势梯度，而组分 P_p 垂直于电势梯度（图 4.12 和图 4.13）。对于每个组分体积，组分 P_f 的离子迁移效率远比组分 P_p 高，P_f 与 P_p 的体积比定义为孔隙结构效率 c。依据孔隙结构效率的定义，结合串并联原理，Shang 等推导出了基于等效岩石组分的导电方程：

$$F = \frac{(1-\phi)^2}{c\phi} + \frac{1}{\phi}$$ （4.18）

式中　F——地层因素。

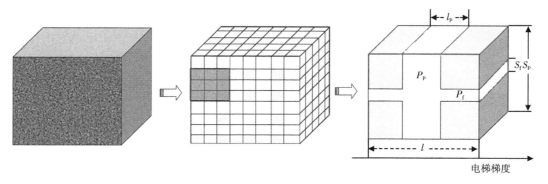

图 4.12　等效岩石组分模型示意图

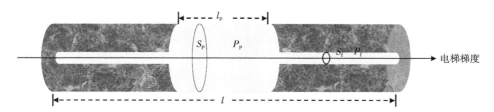

图 4.13　等效岩石组分模型圆形截面图

4.4.3.2 有效导电孔隙度

对于一块岩样（孔隙度 ϕ 和地层因素 F），可以等效为具有相同岩石体积和相同地层因素，但是由固体骨架和平行于电势梯度的直毛细管组成。定义毛管体积与岩石总体积的百分比为有效导电孔隙度 ϕ_e。对于经典的毛管模型，唯一的毛管代表岩石的孔隙，这种情况下，阿尔奇公式中的 $a = m = 1$：

$$F = \frac{a}{\phi^m} = \frac{1}{\phi_e} \qquad (4.19)$$

联合式（4.18）和式（4.19），可以得到有效导电孔隙度的表达式：

$$\phi_e = \frac{1}{F} = \frac{c}{(1-\phi)^2 + c} \phi \qquad (4.20)$$

值得注意：这里的有效导电孔隙度和后面提到的有效流动孔隙度与常见的有效孔隙度并不是一个概念，有效孔隙度指具有储集性质的有效孔隙体积占岩石体积的百分数，但并不是所有的有效孔隙贡献给离子的迁移或者流体的流动，有些孔隙非常有效，有些反之，有效导电孔隙度是对于具有相同离子迁移能力的岩石来说最小且最有效的孔隙，总孔隙度是一个标量，而有效导电或者有效流动孔隙度是一个向量，需要定义其方向，因为离子迁移效率或者流体流动的效率会随着其方向的变化而变化。

4.4.3.3 有效流动孔隙度

电荷的迁移与流体分子的迁移相似，电荷和流体的流量都受控于孔隙的几何形状和孔隙相互间的连通性。岩石等效元素模型可以用来研究岩石孔隙流体的流动。由于流体流动也受控于岩石的比表面积、单位孔隙体积的颗粒表面积的影响，且束缚水饱和度可以用来估算岩石的比表面积。又由于不被束缚水占据的孔隙空间控制着流体的流动，因此，支持流体迁移的孔隙空间一般比支持电荷迁移的孔隙空间小，因此有效流动孔隙度模型需要在有效导电孔隙度的基础上进行修改。

假如束缚水规则地分布在两种元素中，那么 P_{kp} 和 P_{kf} 的体积将成比例的减小。然而，由于受孔隙大小、连通性、流体性质及润湿性等因素影响，束缚水并不是规则分布。为了获取有效流动孔隙度，假设 $V_f = c$，则 $V_p = 1$；假设束缚水饱和度为 S_{wir}，则赋存在元素 P_f 的束缚水饱和度为 rS_{wir}，r 为比例因子。依据上述假设，元素 P_{kf} 的体积 V_{kf} 可以表示为

$$V_{kf} = c(1 - rS_{wir}) = c(1 - S_{wir}) + c(1 - r)S_{wir} \qquad (4.21)$$

由于 $V_{kf} + V_{kp} = (1+c)(1-S_{wir})$，则

$$V_{kp} = 1 - S_{wir} - c(1-r)S_{wir} \qquad (4.22)$$

依据式（4.22），则修正后的孔隙结构效率 c_k 为

$$c_k = \frac{c(1 - rS_{wir})}{1 - S_{wir} - c(1-r)S_{wir}} = \frac{c(1 - rS_{wir})}{1 - (1 + c - cr)S_{wir}} \qquad (4.23)$$

r 表示束缚水在两种元素的分布状态，一般与束缚水饱和度存在一定的关系，根据已发表的文献资料表明：$r = bS_{wir}^v$，则 c_k 可以更改为

$$c_k = \frac{c(1 - bS_{wir}^{v+1})}{1 - (1 + c - cbS_{wir}^v)S_{wir}} \qquad (4.24)$$

式中　v——束缚水分布因子。

允许流体流动的孔隙度为 $\phi(1-S_{wir})$，对照有效导电孔隙度表达式，有效流动孔隙度 ϕ_{ef} 可以修正为

$$\phi_{ef} = \frac{c_k \phi(1 - S_{wir})}{[1 - \phi(1 - S_{wir})]^2 + c_k} \qquad (4.25)$$

4.4.3.4　渗透率模型

由于有效流动孔隙度等效于岩样直毛管孔隙，则与储层渗透率（取对数）应是一线性关系，关系如下：

$$\lg K = aa\phi_{ef} + bb \qquad (4.26)$$

式中　K——渗透率，mD；

　　　aa，bb——常数，无量纲。

选取一定数量的代表性岩样，进行岩石物理实验测量，获取渗透率、孔隙度、地层因素及束缚水饱和度后，利用式（4.26）通过遗传算法，不断调整参数 b 和 v，建立渗透率与有效流动孔隙度之间的最优关系式。一旦这个最优关系被建立，即可利用孔隙度、地层因素及束缚水饱和度计算储层的渗透率。

4.4.4　四种渗透率模型计算结果的对比分析

选取了 F 油田 12 块具有代表性的岩样，孔隙度值介于 5%~15%，渗透率值介于 0.01~10mD。对这 12 块岩样进行了物性分析、岩石电阻率及核磁共振实验测量，图 4.14 和图 4.15 为 12 块岩样的渗透率与孔隙度、渗透率与束缚水饱和度的关系图，从图中可以看出，渗透率与孔隙度、束缚水饱和度的单相关关系较差。

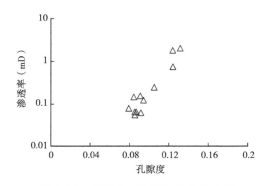

图 4.14　渗透率与孔隙度的相关关系

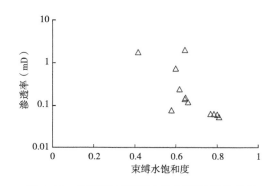

图 4.15　渗透率与束缚水饱和度的相关关系

依据这 12 块岩样的实验数据，获取了 Wyllie-Rose 方程中的系数 P、Q、R，分别为 349.14、4.038、4.632。依据相同的实验数据，首先通过式（4.18）求取了每块岩样的孔隙结构效率 c，绘制 c 与孔隙度的交会图，发现所选岩样的 c 基本为一常数，取其平均值为 0.25；然后建立拟合函数采用遗传算法编程获取了渗透率与有效流动孔隙度的最优解，具体见式（4.27），最后获取了优化参数 aa = 28.876，bb = -1.8736，b = -0.381，v = -3.1318，其中渗透率与有效流动孔隙度的关系见图 4.16，其相关系数达到 0.8 以上。

$$
\begin{cases}
\max f(\text{aa}, \text{bb}, b, v) = \dfrac{1}{\min \sum\limits_{i=1}^{N}(X-Y)^2} \\[2ex]
Y = \lg K \\[2ex]
c_k = \dfrac{c(1 - bS_{\text{wir}}^{v+1})}{1 - (1 + c - cbS_{\text{wir}}^{v})} \\[2ex]
X = \text{aa}\,\dfrac{c_k\phi(1 - S_{\text{wir}})}{[1 - \phi(1 - S_{\text{wir}})]^2 + C_k} + \text{bb} \\[2ex]
-100 < \text{aa} < 100 \\[1ex]
-100 < \text{bb} < 100 \\[1ex]
-100 < b < 100 \\[1ex]
-100 < v < 100
\end{cases}
\tag{4.27}
$$

分别用 Wyllie-Rose 模型、Timur 模型、EREM 模型和单孔隙度—渗透率模型计算这 12 块岩样的渗透率，把计算的结果与岩心分析的渗透率进行对比（图 4.17），分析认为四种模型中，Timur 模型计算的效果最差，EREM 模型和 Wyllie-Rose 模型相对较好，单孔隙度—渗透率模型其次。由于一方面岩样数量偏少，另一方面束缚水的难以求取，因此 EREM 模型和 Wyllie-Rose 模型难以在研究区块推广使用，这里只能采用单孔隙度—渗透率模型。另外，如果研究地区有相应的粒度分析资料，也可以在单孔隙度—渗透率模型中增加平均粒径这个参数，对于优化渗透率模型有一定的帮助。

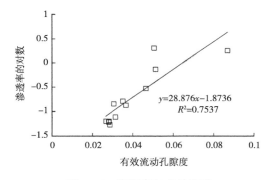

图 4.16　渗透率与有效流动
孔隙度的相关关系

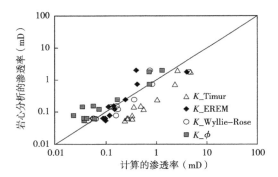

图 4.17　四种模型计算的渗透率
与岩心分析渗透率的对比

4.5　饱和度精细建模方法

准确计算地层含水饱和度是低渗透储层定量评价的难题之一。其主要原因是低渗透储层具有孔隙结构复杂、非均质性较强等特点，原来针对泥质含量较低、中高孔渗储层的饱和度求取方法阿尔奇公式不再适用，最终出现储量计算不准、油水分布认识不清和产能预测困难等难题。因此，加强低渗透储层饱和度方法的研究，对油田勘探开发显得越来越重要。

4.5.1 束缚水饱和度模型

束缚水饱和度一般可以通过压汞实验、岩电实验、相渗实验和核磁共振实验得出，而核磁共振实验得出的束缚水饱和度最为准确。3.1 节已经将 W 油田四口岩心井的核磁共振实验资料做了分析，在这里就不再详细论述了。由孔隙度和渗透率多元拟合可建立束缚水饱和度模型。具体公式如下：

$$S_{\text{wir}} = -1.1787\phi - 5.3604\ln K + 73.6321 \tag{4.28}$$

4.5.2 残余油饱和度模型

残余油饱和度主要是相渗实验得出，3.4 节已经将 W 油田四口岩心井的残余油饱和度与孔隙度、渗透率以及束缚水饱和度的关系做了分析，得出残余油与束缚水饱和度的比值与束缚水饱和度有很好的关系，具体关系如下：

$$S_{\text{or}}/S_{\text{wir}} = -0.0151S_{\text{wir}} + 1.2755 \qquad R = 0.9691 \tag{4.29}$$

$$S_{\text{or}} = -0.0151S_{\text{wir}}^2 + 1.2755S_{\text{wir}} \qquad R = 0.9691 \tag{4.30}$$

式中 S_{or}——残余油饱和度，%。

4.5.3 含水饱和度模型

地层中的含水饱和度一直是测井定量解释最为关键的参数之一，为流体性质的识别提供了定量化标准。一般地层含水饱和度的计算模型通常依靠电法测井方法，主要是采用阿尔奇公式，但是在低渗透特低渗透储层中往往不适用，地层因素与孔隙度的关系偏离阿尔奇经典趋势线，且孔隙度越小，偏离程度越大，主要受孔隙结构影响，这种特征在 3.2 节的实验关系中有所体现，因此在本书中采用 EREM 导电模型来计算地层含水饱和度，充分考虑孔隙结构对电性的影响。

前文已经将等效岩石组分理论做了描述，这里就不再重复论述。基于等效岩石组分理论，假如不导电的油（气）规则地分布在两种元素中，那么实际导电组分 P_{wp} 和 P_{wf} 的体积将成比例的减小。然而，由于受孔隙大小、连通性、流体性质及润湿性等因素影响，油（气）并不是规则分布。

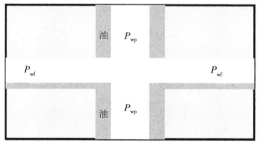

图 4.18 油（气）占据两种元素的岩石二维截面图

为了获取在含水饱和度 S_{w} 下的地层因素 F_{w}，假设 $V_{\text{f}} = c$，c 为孔隙结构效率，则 $V_{\text{p}} = 1$。图 4.18 为油（气）占据两种元素的岩石二维截面图，依据此图，假设赋存在元素 P_{f} 的含水饱和度为 rS_{w}，r 为比例因子。

依据上述假设，则 P_{wf} 的体积 V_{wf} 可以表示为

$$V_{\text{wf}} = crS_{\text{w}} \tag{4.31}$$

由于 $V_{wf} + V_{wp} = (1+c)S_w$，则：

$$V_{wp} = (1+c)S_w - crS_w = [1 + c(1-r)]S_w \tag{4.32}$$

依据式（4.31）和式（4.32），则修正后的孔隙结构效率 c_w 为

$$c_w = \frac{crS_w}{[1 + (1-r)c]S_w} = \frac{cr}{1 + (1-r)c} \tag{4.33}$$

r 表示水在两种元素的分布状态，一般与含水饱和度存在一定的关系，根据已发表的文献资料表明：

$$r = S_w^k \tag{4.34}$$

式中　k——饱和度分布因子。

依据图 4.18，可知水占据的孔隙度为 ϕS_w，依据式（4.18），含水饱和度 S_w 下的地层因素 F_w 为

$$F_w = \frac{R_t}{R_w} = \frac{(1 - S_w\phi)^2}{c_w S_w \phi} + \frac{1}{S_w \phi} \tag{4.35}$$

式中　R_t——岩石电阻率；

　　　R_w——地层水电阻率。

理论与实验证实：当孔隙介质含有两种或两种以上流体相时，相态的分布和存在状态是十分复杂的，并且受控于很多因素，比如界面张力、颗粒的润湿性、孔隙尺寸和连通性等。在饱含多相流体的孔隙介质中，导电相必须要饱和一定的含水饱和度，才能导电。这最小的饱和度常常被称为临界饱和度（导电阈值），研究证实，这部分水往往存在于死孔隙中和被油润湿岩石中的油包裹。

一种考虑最小导电饱和度影响的方法是成比例缩小含水饱和度，转为有效导电含水饱和度：

$$S'_w = \frac{S_w - S_{wc}}{1 - S_{wc}} \tag{4.36}$$

式中　S_{wc}——孔隙岩石开始导电时具有的含水饱和度（临界饱和度）；

　　　S_w——总含水饱和度；

　　　S'_w——有效含水饱和度。

将 S'_w 替代式（4.36）中的 S_w，则形成了考虑最小导电饱和度影响的饱和度测井解释模型。

等效岩石组分模型应用的关键是孔隙结构效率 c、k 及临界饱和度 S_{wc} 的确定。当已知岩样地层因素和孔隙度，通过式（4.18）即可求取 c。在获得 c 后，加上不同含水饱和度下测量的岩石电阻率实验资料，通过遗传算法编程可求解 k、S_{wc}，遗传算法流程图如图 4.19 所示，其中 Ps，Pc，Pm 分别为 Matlab 中执行选择命令、执行杂交命令、执行变异命令。拟合函数为

$$
\begin{cases}
\max f(k, S_{wc}) = \dfrac{1}{\min\displaystyle\sum_{i=1}^{N}(X-Y)^2} \\[12pt]
X = F_w \\[6pt]
S'_w = \dfrac{S_w - S_{wc}}{1 - S_{wc}} \\[12pt]
c_w = \dfrac{cS'^{k}_w}{1 + (1 - S'^{k}_w)c} \\[12pt]
Y = \dfrac{(1 - S'_w\phi)^2}{c_w S'_w\phi} + \dfrac{1}{S'_w\phi} \\[10pt]
-0.15 < k < 0.2 \\[4pt]
0.15 < S_{wc} < 0.3
\end{cases}
\tag{4.37}
$$

依据上述方法，分别求取了 F 油田的 12 块岩样的 c、k 及 S_{wc}，并将计算的三个参数代入等效岩石组分模型，模拟了每块岩样的电阻增大率与含水饱和度的关系，并与实验结果进行比对（图 4.20）。从图 4.20 中可以看出：模拟的结果与实验结果比较一致，证实遗传算法计算的 c、k 及 S_{wc} 值是准确的。

为了将基于等效岩石组分理论的饱和度模型应用于实际井资料的处理，必须考虑用测井资料获取 c、k 及 S_{wc}。研究发现：目标区块的 c 及 S_{wc} 基本为一定值（图 4.21），$c = 0.243$，$S_{wc} = 0.1$，k 与孔隙度有较好的线性关系（图 4.22），关系式如下：

$$k = -4.0238\phi + 0.6115$$
$$k \in (0, 0.4) \tag{4.38}$$

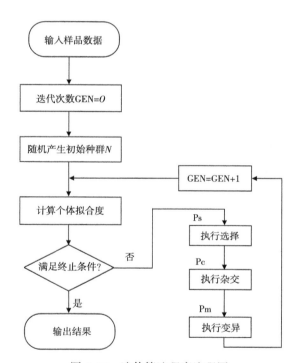

图 4.19　遗传算法程序流程图

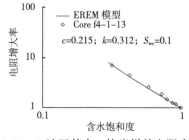
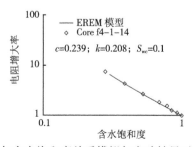

图 4.20　F 油田其中 2 块岩样的电阻率指数与含水饱和度关系模拟与实验结果对比

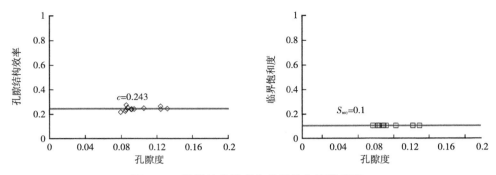

图 4.21　孔隙结构效率和临界饱和度的确定

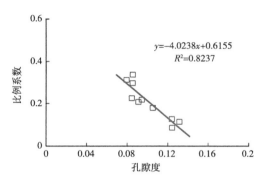

图 4.22　比例系数与孔隙度的关系

当 c、k 和 S_{wc} 确定后，依据 EREM 模型，采用迭代法，在已知孔隙度、深电阻率测井曲线后，即可求出目标层段的饱和度曲线。

图 4.23 是应用阿尔奇模型和等效岩石组分模型计算的含水饱和度的对比效果，其中阿尔奇模型中的岩电参数从岩电实验关系中获得。从图上可以看出，在试油为油层段的第 15 层和第 17 层，应用 EREM 模型计算的结果与核磁共振实验分析的束缚水饱和度比较吻合，而阿尔奇模型计算的含水饱和度偏高，从而说明 EREM 模型的计算结果优于阿尔奇模型。

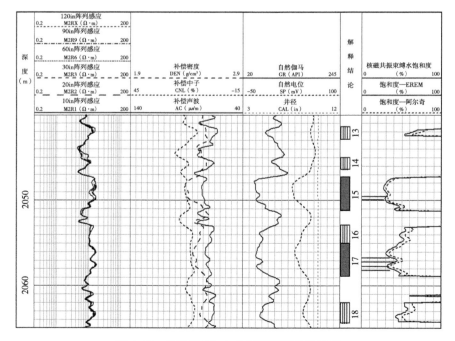

图 4.23　F 油田 F4-1 井饱和度评价效果图

4.6 水相、油相相对渗透率精细建模方法

水相、油相相对渗透率的求取是为了计算储层的含水率。有了含水率的参数，就可以在压裂后储层产能评价中对产液量进行预测。其中，水相、油相相对渗透率的确定方法有两种：第一种是经典公式，其形式如下。

水相相对渗透率：

$$K_{rw} = K_{rw(S_{or})} S_w^{*n} \tag{4.39}$$

油相相对渗透率：

$$K_{ro} = K_{ro(S_{wir})} (1 - S_w^{*})^m \tag{4.40}$$

式中　K_{rw}——水相相对渗透率，%；

$K_{rw(S_{or})}$——残余油饱和度对应的水相相对渗透率，%；

S_w^{*}——相对饱和度；

K_{ro}——油相相对渗透率，%；

$K_{ro(S_{wi})}$——束缚水饱和度对应的油相相对渗透率，%；

n，m，a，b——常数，无量纲。

第二种是其他学者提出的改进公式，其形式如下。

水相相对渗透率：

$$K_{rw} = K_{rw(S_{or})} \frac{S_w^{*n} + aS_w^{*}}{1 + a} \tag{4.41}$$

油相相对渗透率：

$$K_{ro} = K_{ro(S_{wir})} \frac{(1 - S_w^{*})^m + b(1 - S_w^{*})}{1 + b} \tag{4.42}$$

其中：

$$S_w^{*} = \frac{S_w - S_{wir}}{1 - S_{wir} - S_{or}} \tag{4.43}$$

根据 3.4 节对于相渗实验数据的分析及描述，对于每块样品都可以从相渗曲线中读出残余油饱和度对应的水相相对渗透率和束缚水饱和度对应的油相相对渗透率，接着就可以利用第一种经典公式求取每块样品的 n 和 m。图 4.24 是 W 油田 9-1 号岩心的相对含水饱和度分别与水相、油相相对渗透率的关系，利用式（4.39）和式（4.40），将拟合的系数变成 1，可以相应得到 n 和 m。第二种方法需要用到最优化方法，不断优化其系数，得到最佳的 n，m，a，b。

图 4.25 和图 4.26 是 W 油田 W15 断块 5 块样品经典法和改进法计算的水相相对渗透率和油相相对渗透率分别与岩心分析值的比较。从图上可以看出，经典法和改进法计算的水相相对渗透率计算结果差不多，与岩心分析值对应关系都比较好，考虑到经典法求取水相相对渗透率的方法比改进法少一个参数，因此水相相对渗透率的计算选用经典法。而经

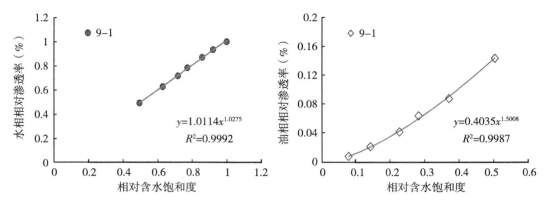

图 4.24　W 油田 9-1 号岩心的相对含水饱和度分别与水相、油相相对渗透率的关系

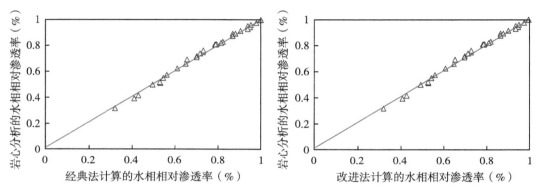

图 4.25　W 油田 W15 断块 5 块样品经典法和改进法计算的水相
相对渗透率分别与岩心分析值比较

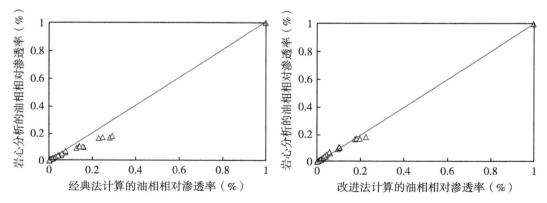

图 4.26　W 油田 W15 断块 5 块样品经典法和改进法计算的油相
相对渗透率分别与岩心分析值比较

典法和改进法计算的油相相对渗透率的计算结果就有区别了，相比而言，改进法计算的油相相对渗透率比经典法计算的油相相对渗透率跟岩心分析值更接近，因此油相相对渗透率的计算选用改进法。

图 4.27 至图 4.29 分别是 W 油田四口岩心井经典法 n、改进法 m 和 b 分别与岩心分析的孔隙度、渗透率的关系。由于每个断块取的实验数据点有限，零星的数据点很难再细分砂层组分析其特征变化，因此在这里只分析整体的变化规律。从图上可以看出，经典法 n 与岩心分析的孔隙度、渗透率的关系都有很好的趋势，改进法 m 与岩心分析的孔隙度有很好的趋势，与渗透率没有相关性，改进法 b 与岩心分析的孔隙度没有相关性，与渗透率有一定的趋势。综合以上分析，可以利用孔隙度、渗透率多元拟合求取经典法 n，利用孔隙度求取改进法 m，利用渗透率求取改进法 b。

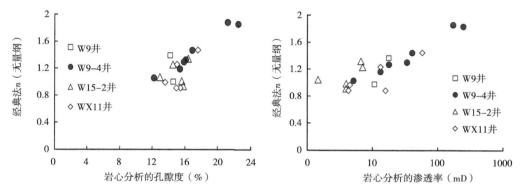

图 4.27　W 油田四口岩心井经典法 n 分别与岩心分析的孔隙度、渗透率的关系

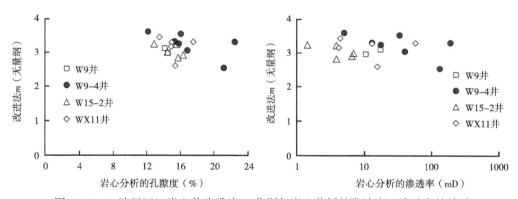

图 4.28　W 油田四口岩心井改进法 m 分别与岩心分析的孔隙度、渗透率的关系

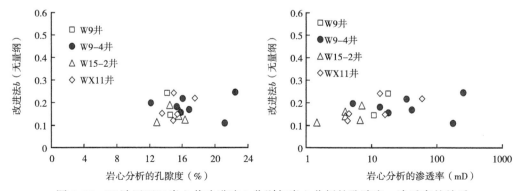

图 4.29　W 油田四口岩心井改进法 b 分别与岩心分析的孔隙度、渗透率的关系

图 4.30 至图 4.32 是 W 油田四口岩心井删点后经典法 n 分别与岩心分析的孔隙度、渗透率的关系，删点后改进法中参数 m 与孔隙度的关系，以及改进法 b 与渗透率的关系。可以从图上确定各种参数的求取公式，具体如下：

$$n = 0.0466\phi + 0.097\ln K + 0.2977 \tag{4.44}$$

$$m = -0.15\phi + 5.5 \qquad R = 0.9253 \tag{4.45}$$

$$b = 0.0245\ln K + 0.1163 \qquad R = 0.6843 \tag{4.46}$$

式中　　n，m，b——常数，无量纲；

　　　　ϕ——孔隙度，%；

　　　　K——渗透率，mD。

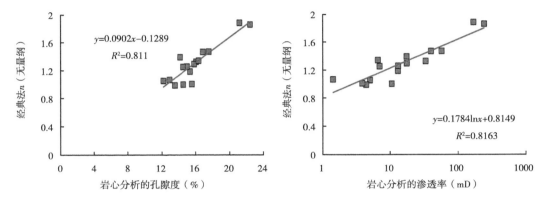

图 4.30　W 油田四口岩心井删点后经典法 n 分别与岩心分析的孔隙度、渗透率的关系

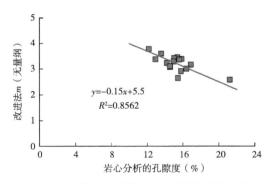

图 4.31　删点后改进法 m 与孔隙度的关系

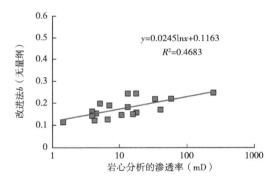

图 4.32　删点后改进法 b 与渗透率的关系

得到了 n，m，b 的求取方法，只要确定残余油饱和度对应的水相相对渗透率和束缚水饱和度对应的油相相对渗透率，就可以利用式（4.39）至式（4.43）求取水相、油相的相对渗透率。其中，束缚水饱和度对应的油相相对渗透率可以通过 3.4 节相渗实验数据中获得，实验中默认束缚水饱和度对应的油相相对渗透率为 100%。而残余油饱和度对应的水相相对渗透率已经在 3.4 节分析中发现，渗透率与残余油饱和度对应的水相相对渗透率的关系较好（图 4.33），其形式为

$$K_{rw(S_{or})} = 2.1728 \ln K + 10.457 \qquad R = 0.9054 \qquad (4.47)$$

式中 $K_{rw(S_{or})}$——残余油饱和度对应的水相相对渗透率，%。

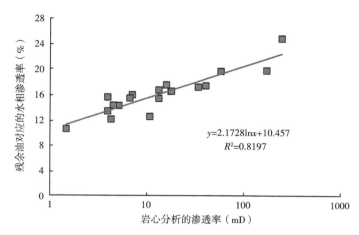

图 4.33 W 油田四口岩心井渗透率和残余油饱和度对应的水相相对渗透率的关系

4.7 脆性指数建模方法

由于低渗透储层一般自然产量低或基本无自然产量，为实现经济开发必须进行压裂增产作业，而储层的可压裂性评价对于优选压裂井段，预测经济效益具有重要意义。Rickman 等国外学者通过脆性指数表征可压裂性，为可压裂性评价开辟了新的思路。脆性指数可以表示压裂的难易程度，反映的是储层压裂后形成裂缝的复杂程度，脆性指数的求取方法之一是基于岩石的弹性模量和泊松比求出地层的脆性指数，进而评价地层的可压裂性。

目前，弹性模量和泊松比可以通过两种方法得到，第一种是通过三轴应力实验测得弹性模量和泊松比，值得注意的是，这种方式获取的是静态弹性模量和泊松比；第二种是通过纵横波计算得到弹性模量和泊松比，这时计算的结果是动态的，具体计算公式见式（3.7）和式（3.8）。从式（3.7）和式（3.8）中可以发现，要想求出动态弹性模量和泊松比，就需要有横波时差、纵波时差和体积密度这三个参数，通常纵波时差是每口井必测项目，横波不是，补偿密度也不是。只有三孔隙度测井和偶极子阵列声波测井都测的情况，这些参数才能直接提取，在实际中只有探井和重点评价井才有测这些项目，开发井中只有单声波测井资料。这时候就只有通过纵波时差来拟合得到横波时差和体积密度（图 4.34 和图 4.35），具体可以通过纵横波速度实验测量得到它们之间的关系，拟合公式如下。

W 油田：

$$\Delta t_s = 1.4077 \Delta t_p + 53.9 \qquad R = 0.9613 \qquad (4.48)$$

$$\rho_b = -0.0058 \Delta t_p + 3.7068 \qquad R = 0.9295 \qquad (4.49)$$

F 油田：

$$\Delta t_s = 4 \Delta t_p - 540 \qquad R = 0.8103 \qquad (4.50)$$

$$\rho_b = -0.0046 \Delta t_p + 3.5362 \qquad R = 0.8885 \qquad (4.51)$$

式中　ρ_b——体积密度，g/cm^3；

　　　Δt_s——横波时差，μs/m；

　　　Δt_p——纵波时差，μs/m。

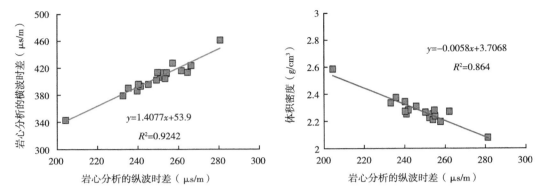

图 4.34　W 油田四口岩心井实验分析的纵波时差分别与横波时差、体积密度的关系

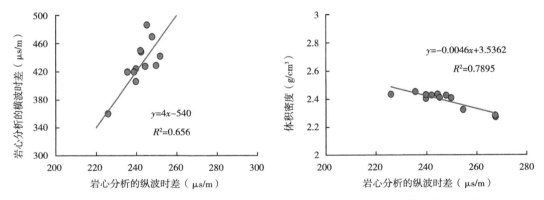

图 4.35　F 油田岩心分析的纵波时差分别与岩心分析的横波时差、体积密度的关系

由于在测井中得到的动态弹性模量和泊松比受孔隙流体的影响，多井进行对比的时候，数值的高低不能反映岩石真实的弹性模量，因此只有将计算的动态弹性模量转化成静态的弹性模量，才能进行多井的比较，提供可压性判断的信息。图 4.36 是 W 油田四口岩心井弹性模量和泊松比的动静态转换关系，其公式形式如下：

$$E_j = 0.2884E + 4.383 \qquad R = 0.8581 \tag{4.52}$$

$$\mu_j = \mu(0.0065\phi^2 - 0.1349\phi + 1.4941) \qquad R = 0.6936 \tag{4.53}$$

式中　E——动态杨氏模量，GPa；

　　　E_j——静态杨氏模量，GPa；

　　　μ——动态泊松比，无量纲；

　　　μ_j——静态泊松比，无量纲；

　　　ϕ——孔隙度，%。

最后根据学者 Rickman 的研究，储层的脆性指数计算公式如下：

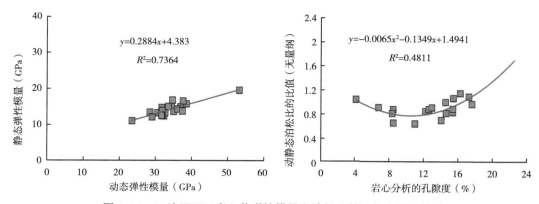

图 4.36 W 油田四口岩心井弹性模量和泊松比的动静态转换关系

$$E_{\text{Brit}} = \frac{E_{\text{j}} - E_{\text{min}}}{E_{\text{max}} - E_{\text{min}}} \tag{4.54}$$

$$\mu_{\text{Brit}} = \frac{\mu_{\text{max}} - \mu_{\text{j}}}{\mu_{\text{max}} - \mu_{\text{min}}} \tag{4.55}$$

$$B_{\text{rit}} = \frac{E_{\text{Brit}} + \mu_{\text{Brit}}}{2} \tag{4.56}$$

式中　　E_{Brit}——归一化的静态杨氏模量，GPa；

　　　　μ_{Brit}——归一化的泊松比，无量纲；

　　　　B_{rit}——脆性指数，%；

　　　　E_{max}——静态杨氏模量的最大值，GPa；

　　　　E_{min}——静态杨氏模量的最小值，GPa；

　　　　μ_{max}——静态泊松比的最大值，无量纲；

　　　　μ_{min}——静态泊松比的最小值，无量纲。

这样就可以计算地层的脆性指数，进而评价岩石的可压裂性。根据国外对页岩气储层可压裂性的评价经验，脆性指数反映的是储层压裂后所形成裂缝的复杂程度。一般弹性模量越大、泊松比越小，脆性指数越高。脆性指数越高的储层一般性质硬脆，在漫长的地质时期内受构造运动的影响天然裂缝发育，对压裂作业的反应敏感，能迅速形成复杂的网状裂缝，脆性指数低的储层则更容易形成简单的双翼型裂缝，如图 4.37 所示，岩石的脆性指数越高，储层裂缝延伸形态越复杂。当岩石脆性特征参数大于 50% 后，储层的裂缝形态将趋向形成网缝。

脆性指数（%）	裂缝形态		裂缝闭合剖面
	描述	图示	
70	网缝		
60			
50	网缝与多缝过度		
40			
30	多缝		
20	两翼对称		
10			

图 4.37 岩石脆性指数对水力延伸裂缝形态的影响

5 可压裂改造性储层测井识别与划分

对于低渗透储层来说，自然产能很低的干层压裂改造后有可能具有很好的产能，也可能没有产能，如何对压裂改造后有效果的储层进行识别是评价这类储层产能的第一步。而要做到这一点就需要按三个步骤开展工作：第一步是进行油水关系的测井响应特征分析；第二步是进行流体识别，包括自然产能的油层、水层、油水同层和干层，以及压裂改造后油层、油水同层、干层和水层等；第三步是将这些储层流体特征进行划分，定义为Ⅰ类储层、Ⅱ类储层和Ⅲ类储层，为储层压裂改造后产能评价奠定研究基础。本章主要侧重于 W 油田的 W15 断块的特征进行研究分析。

5.1 可压裂改造性储层流体测井响应特征分析

要想对可压裂改造性储层进行识别，首先要对这些储层的测井响应特征进行分析和总结，找寻不同流体之间测井响应特征的区别。W 油田 W15 断块物性相对较差，主要靠压裂改造才能有产量。综合试油、"四性"关系和单井生产信息等各种资料，就可以将 W15 断块的流体性质干层、水层、压裂为油层和压裂为油水同层的测井响应特征做出总结归纳。

5.1.1 干层

图 5.1 是 W 油田 W15 断块 W15-2 井 1480~1528m 层段的测井响应特征，2002 年 12 月试油 3 号层、4 号层、5 号层、6 号层和 7 号层，压力计试油日产油 0.5t，不含水。经分析：出油贡献最大的是 3 号层，为低产油层，其他层段为干层。因此，干层的测井响应特征为声波时差整体较小，反映物性差、孔隙度低，自然伽马值不确定，有一部分层段是灰质影响，自然伽马值低值，有一部分层段是泥质影响，自然伽马值中高值，深感应电阻率表现为中高值，反映岩性的特征，比如 4 号层、5 号层、6 号层和 7 号层，另外，相比而言，干层的自然电位幅度差较小，微梯度电阻率和微电极电阻率呈尖峰状，反映出储层渗透性较差，这些也可以作为参考曲线来判断。

5.1.2 水层

图 5.2 是 W 油田 W15 断块 W15-2 井 1527~1560m 层段的测井响应特征，2002 年 12 月试油 13 号层，抽汲日产水 7.4m³，含水 100%，结论为水层。其测井响应特征为声波时差表现为中高值，自然伽马值表现为中低值，深感应电阻率表现为低值，在 3~5Ω·m，自然电位幅度差明显很大，微电极电阻率与微梯度电阻率中等，呈正差异，反映储层渗透性较好。

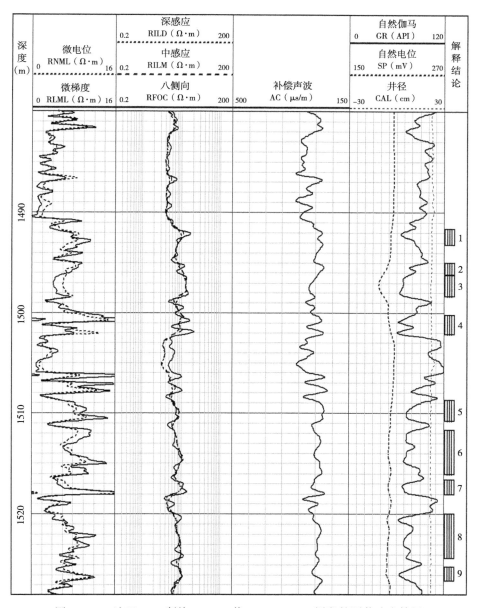

图 5.1 W 油田 W15 断块 W15-2 井 1480~1528m 层段的测井响应特征

5.1.3 压裂为油层

图 5.3 是 W 油田 W15 断块 W15-21 井 1445~1482m 层段的测井响应特征，2009 年 2 月生产 6 号层和 7 号层，日产油 9t，含水 2.4%，压裂结论为油层，从 6 号层和 7 号层的特征来看，自然产能应该是低产油层，物性相对差，有一定的渗透性，对应声波时差略低，在 240~255μs/m，自然伽马值中等，反映泥质含量中等，深感应电阻率中等，在 10 Ω·m 上下。

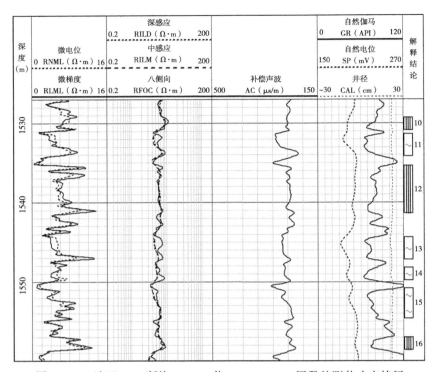

图 5.2　W 油田 W15 断块 W15-2 井 1527~1560m 层段的测井响应特征

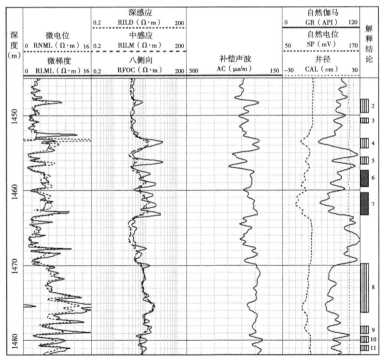

图 5.3　W 油田 W15 断块 W15-21 井 1445~1482m 层段的测井响应特征

5.1.4 压裂为油水同层

图 5.4 是 W 油田 W15 断块 W15 井 1490~1528m 层段的测井响应特征，2002 年 5 月试油 1 号层、2 号层、3 号层和 4 号层，日产油 1.7t，不含水，结论为油层，2002 年 5 月压裂 1 号层、2 号层、3 号层和 4 号层，日产油 9.1t，含水 73.4%，压裂结论为油水同层。从 1 号层、2 号层、3 号层和 4 号层的测井响应特征上来看，1 号层和 3 号层为油层特征，2 号层和 4 号层为干层，经过压裂后，1 号层、3 号层仍然为油层，出水的应该是 2 号层，泥质偏重，压裂出水的可能性较大。

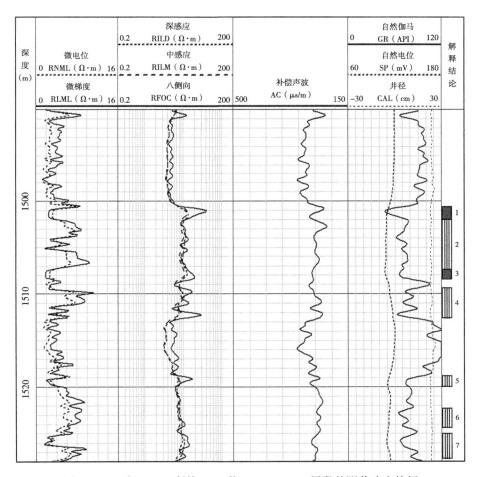

图 5.4　W 油田 W15 断块 W15 井 1490~1528m 层段的测井响应特征

图 5.5 是 W 油田微地震监测的裂缝高度与实际施工压力的关系。由于微地震监测的数据较少，从图上只能大概估计 W 油田储层压裂后实际裂缝高度在 24~34m，因此在判断压裂层段的流体特征时，不能仅限于射孔层段，还应考虑压裂层段上下 10~15m 范围内的储层，判断还有哪个储层参与贡献。因此在压裂改造的储层中，其测井响应特征尤为复杂，不是一个单层的问题，而是需要综合很多层段、很多因素来判断流体性质。

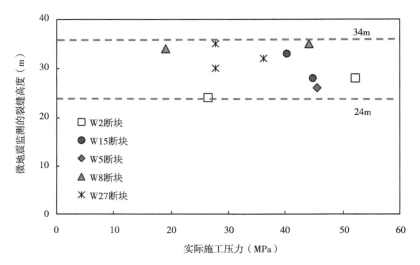

图 5.5　W 油田微地震监测的裂缝高度与实际施工压力的关系

5.2　可压裂改造性储层流体识别方法

目前国内文献提及的流体识别方法很多，最常用的就是交会图法，这也是油气勘探中经常应用的方法，另外还有一些数学方法，比如神经网络、向量机以及模糊识别技术等。本节主要应用交会图法建立低渗透储层的流体识别标准。

W 油田 W15 断块储层主要靠压裂改造后才能有产量，在解释图版中要重点考虑压裂后的流体性质的判断以及划分的区域。图 5.6 至图 5.9 分别是 W 油田 W15 断块 $E_1f_2^3$ 砂层组和 $E_1f_1^1$ 砂层组储层段声波时差、自然伽马与深感应电阻率的交会图。在 $E_1f_2^3$ 砂层组和 $E_1f_1^1$ 砂层组中，根据试油、单井生产资料可以划分出油层、压裂为油层、水层、干层和压裂为干层的区域，而油水同层、压裂为油水同层和压裂为水层是推断出来的，需要再验证逐步完善图版的准确性。其中压裂为油层分布在三个区域中：一是在油层区中，只要是油层，压裂改造后仍然为油层；二是位于声波时差大，深感应电阻率比正常的油层略低的区域中，这部分储层泥质偏重，自然伽马值大于 72API；三是位于声波时差数值比正常油

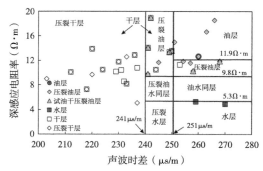

图 5.6　W 油田 W15 断块 $E_1f_2^3$ 砂层组的
声波时差与深感应电阻率的交会图

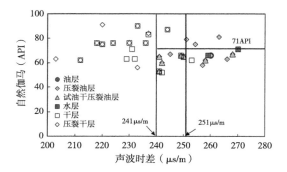

图 5.7　W 油田 W15 断块 $E_1f_2^3$ 砂层组的
声波时差与自然伽马的交会图

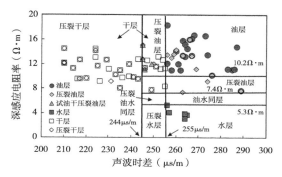

图 5.8　W 油田 W15 断块 $E_1f_1^1$ 砂层组的
声波时差与深感应电阻率的交会图

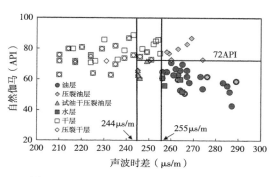

图 5.9　W 油田 W15 断块 $E_1f_1^1$ 砂层组的
声波时差与自然伽马的交会图

层略小，深感应电阻率与正常的油层差不多的区域中，这部分储层物性比正常油层略差，自然产能情况下为干层或低产油层。

表 5.1 是 W 油田 W15 断块不同流体性质的测井响应特征分布范围。其中，本书把低产油层放入压裂油层的范围内，不作为独立的特征单独分析。从表中可以看出，以声波时差、深感应电阻率和自然伽马曲线建立了常规流体性质和压裂后流体性质的解释图版和解释标准。

表 5.1　W 油田 W15 断块不同流体性质的测井响应特征分布范围

砂层组	油层	压裂为油层	水层	干层	油水同层
$E_1f_2^3$ 砂层组	$\Delta t>251\mu s/m$ $R_t>11.9\Omega\cdot m$ GR<72API	$\Delta t>241\mu s/m$ $R_t>9.8\Omega\cdot m$	$\Delta t>251\mu s/m$ $R_t<5.3\Omega\cdot m$ GR<72API	$\Delta t<241\mu s/m$	$\Delta t>251\mu s/m$ $5.3\Omega\cdot m<R_t<9.8\Omega\cdot m$ GR<72API
$E_1f_1^1$ 砂层组	$\Delta t>255\mu s/m$ $R_t>10.2\Omega\cdot m$ GR<72API	$\Delta t>244\mu s/m$ $R_t>7.4\Omega\cdot m$	$\Delta t>255\mu s/m$ $R_t<5.3\Omega\cdot m$ GR<72API	$\Delta t<244\mu s/m$	$\Delta t>255\mu s/m$ $5.3\Omega\cdot m<R_t<7.4\Omega\cdot m$ GR<72API

由于本书的重点是对压裂后的储层进行产能评价，因此要进行储层分级，区分出哪些储层压裂后有较好的工业油流，哪些储层压裂后虽然有油流，但是未达到工业油流的标准，以及区分出哪些储层压裂改造后仍没有油流。基于此，将正常的油层和油水同层定义为Ⅰ类储层，将自然产能为低产层的储层、压裂后为油层或为油水同层的储层定义为Ⅱ类储层，压裂后仍然没有产能的储层定义为Ⅲ类储层，这也是为工程措施前提供初期判断。

5.3　可压裂改造性储层测井评价效果

应用 5.2 节的流体解释图版对 W 油田 W15 断块未参与建模的井进行了检验，用来考查解释图版的符合率。选取 W15-4 井、W15-6 井、W15-12 井、W15-17 井和 CW2-103 井作为检验井，前四口井是开发中期进行了调层压裂，而 CW2-103 井是 2018 年的新井。

图 5. 10 是 W 油田 W15-12 井 1505~1554m 测井响应特征。W15-12 井在 2006 年 8 月射开 22 号层和 23 号层压裂，压裂初期日产油为 10. 2t，不含水，2011 年 3 月补开 13~16 号层酸化合采，措施前日产液为 4t，日产油为 1. 4t，含水 64. 6%，措施后日产液 9. 2t，日产油 2t，含水 77. 9%，2012 年 5 月封层，压裂 4 号层，压裂前日产液 6t，日产油 1. 1t，含水 80. 9%，压裂后日产液 9. 3t，日产油 4. 3t，含水 53. 7%。

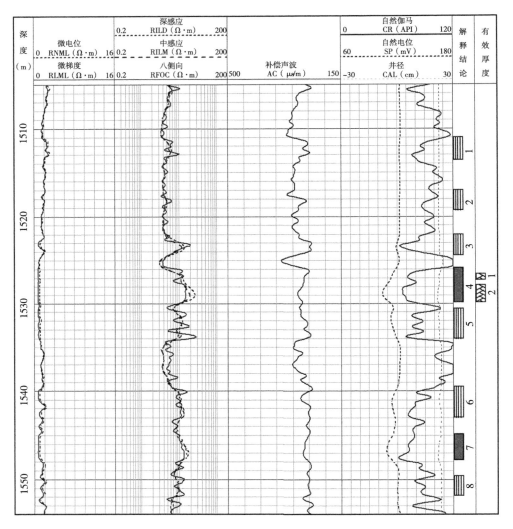

图 5. 10　W 油田 W15-12 井 1505~1554m 测井响应特征

考虑到压裂后裂缝高度在 24~34m，压裂 4 号层的同时，有可能 1 号至 6 号层都被压开，图 5. 11 是 W15-12 井压裂层段测井特征值在解释图版中的投影。从图上可以看出，1 号层、2 号层、3 号层、5 号层和 6 号层都落在干层区域内，4 号层落在压裂油层区内，与生产情况不吻合，分析原因主要是开发中期受注水影响，原来开发初期测井曲线所反映的储层情况与现今情况有差异，也就是说以前勘探的思路用在开发评价中会不适用，因此对于开发中期调层压裂的储层进行流体识别时，可模糊判别是否压裂出油。

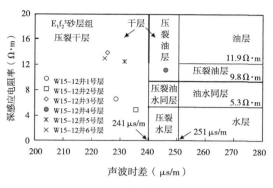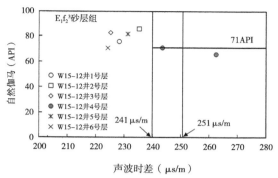

（a）W油田W15-12井储层测井响应特征在声波
时差—电阻率流体解释图版中的投影

（b）W油田W15-12井储层测井响应特征在声波
时差—自然伽马流体解释图版中的投影

图 5.11　W 油田 W15-12 井储层测井响应特征在流体解释图版中的投影

同理，其他四口井调层压裂的储层测井特征值都可以投影到解释图版中进行解释。表
5.2 是 W 油田 W15-4 井、W15-6 井、W15-12 井、W15-17 井和 CW2-103 井五口检验井
的解释符合率统计，从表中可以看出，一共 20 个层，全部符合。

表 5.2　W 油田五口井解释符合率统计

井号	层号	砂层组	深感应电阻率（$\Omega \cdot m$）	声波时差（$\mu s/m$）	自然伽马（API）	解释结论	投产压裂结论	符合情况
W15-4 井	1	$E_1f_1{}^1$	12.9	218	98	干层	油水同层	不参与统计
	2	$E_1f_1{}^1$	11.8	248	90	压裂出油		√
	3	$E_1f_1{}^1$	17.7	246	83	压裂出油		√
	4	$E_1f_1{}^1$	14.1	267	89	压裂出油		√
	5	$E_1f_1{}^1$	11.6	224	106	干层		不参与统计
	6	$E_1f_1{}^1$	14	253	94	压裂出油		√
	7	$E_1f_1{}^1$	14.4	254	102	压裂出油		√
	8	$E_1f_1{}^1$	12.6	254	101	干层		不参与统计
	9	$E_1f_1{}^1$	17.2	273	80	压裂出油		√
	10	$E_1f_1{}^1$	12.7	238	100	干层		不参与统计
	11	$E_1f_1{}^1$	13.4	246	96	干层		√
W15-6 井	1	$E_1f_2{}^3$	10.7	245	68	压裂出油	油水同层	√
	2	$E_1f_2{}^3$	19.7	272	66	压裂出油		√
	3	$E_1f_2{}^3$	11.2	239	82	干层		不参与统计
	4	$E_1f_1{}^1$	9.9	266	60	压裂出油		√
	5	$E_1f_1{}^1$	13.8	258	62	压裂出油		√
	6	$E_1f_1{}^1$	9.8	237	79	干层		不参与统计
	7	$E_1f_1{}^1$	12.8	245.3	68.3	压裂出油		√
	8	$E_1f_1{}^1$	7	234	80	干层		不参与统计

井号	层号	砂层组	深感应电阻率 （Ω·m）	声波时差 （μs/m）	自然伽马 （API）	解释 结论	投产压 裂结论	符合 情况
W15-12 井	1	$E_1f_2^3$	6.6	230	76	干层	油水同层	不参与统计
	2	$E_1f_2^3$	4.9	237	86	干层		不参与统计
	3	$E_1f_2^3$	13.9	227	83	干层		不参与统计
	4	$E_1f_2^3$	26.5	264	66	压裂出油		√
	5	$E_1f_2^3$	12.5	233	82	干层		不参与统计
	6	$E_1f_2^3$	13	226	71	干层		不参与统计
W15-17 井	1	$E_1f_2^3$	18.6	250	61	压裂出油	油水同层	√
	2	$E_1f_2^3$	13.2	260	70	压裂出油		√
	3	$E_1f_2^3$	13.6	238	80	干层		不参与统计
	4	$E_1f_2^3$	16.3	261	66	压裂出油		√
	5	$E_1f_2^3$	11.4	256	73	压裂出油		√
	6	$E_1f_2^3$	10	220	66	干层		不参与统计
	7	$E_1f_1^1$	10.5	223	82	干层		不参与统计
	8	$E_1f_1^1$	9.2	270	96	干层		不参与统计
CW2-103 井	1	$E_1f_2^3$	11.6	230	65	干层	油水同层	不参与统计
	2	$E_1f_2^3$	13.5	197	64	干层		不参与统计
	3	$E_1f_2^3$	14	206	70	干层		不参与统计
	4	$E_1f_2^3$	12	204	70	干层		不参与统计
	5	$E_1f_1^1$	11.7	240	65	压裂出油		√
	6	$E_1f_1^1$	13.6	241	61	压裂出油		√
	7	$E_1f_1^1$	9.2	242	60	压裂出油		√

  综上所述可以得出，将储层流体特征划分为Ⅰ类储层、Ⅱ类储层和Ⅲ类储层的思路，在勘探初期可以为油田开发提供有效的依据，但是对于开发中期再进行了调层，测井判别Ⅰ类储层、Ⅱ类储层和Ⅲ类储层就显得很困难，原因是地层信息发生了变化，原先的测井曲线只反映当时的地层特征和流体特征，不能反映油藏动态变化后的信息，因此以前勘探的思路用在开发评价中会出现不适用的情况，建议在这种情况下，流体特征的判别可统一解释为压裂是否出油，换句话而言，就是将Ⅰ类储层和Ⅱ类储层合并为一类，便于合理解释。解决了定性的流体特征识别，就可以进行产能的定性和定量的评价。

6 压裂改造储层产能预测方法

储层产能是由储层的自身条件和外部环境以及油气性能等共同决定的，然而在实际生产中，对于一个特定的区域，认为外部环境条件和油气性能，如油气层的供油（气）半径、油气藏压力、流体黏度和压缩系数等都是相对固定不变的，此时，储层的产能高低主要取决于油气储层的自身性质，同时受到改造措施及改造程度的影响，这就是利用测井资料预测产能的理论依据。本章主要是对产能评价中的采油强度开展相应研究工作。

6.1 多层合试产量劈分方法

W 油田 W15 断块和 F 油田基本上以合层压裂为主，很难确定单层压裂改造后的产量信息，有必要开展针对性地方法计算出单层的产量。要想解决这个问题，就必须确定每个单层产量贡献权重值。目前确定权重值的方法可归纳为三种。

第一种方法是根据储层的类型来确定单层的产量贡献权重，首先利用压汞及岩心孔渗资料进行储层分类，具体储层分类的指标见表 6.1，主要是利用孔隙度和渗透率参数，然后利用单层测试资料确定每类储层的平均米产油。

表 6.1 储层类别划分表

储层类别	分类标准	平均采油强度
I	$\sqrt{\dfrac{K}{\phi}} \geq 10$	q_1
II	$3 < \sqrt{\dfrac{K}{\phi}} < 10$	q_2
III	$\sqrt{\dfrac{K}{\phi}} \leq 3$	q_3

最后设定每类储层的权系数为 a，b，c，对于 n 个多层合试测试层，可组成如下方程组：

$$\begin{cases} a \times q_1 \times h_{11} + b \times q_2 \times h_{12} + c \times q_3 \times h_{13} = Q_1 \\ a \times q_1 \times h_{21} + b \times q_2 \times h_{22} + c \times q_3 \times h_{23} = Q_2 \\ \vdots \\ a \times q_1 \times h_{n1} + b \times q_2 \times h_{n2} + c \times q_3 \times h_{n3} = Q_n \end{cases} \quad (6.1)$$

式中　q_1，q_2，q_3——平均采油强度，$t/(d \cdot m)$；

　　　　a，b，c——待定系数，无量纲；

　　　　Q_1，Q_2，$\cdots$，Q_n——日产油，t；

　　　　h_n——有效厚度，m。

利用最优化算法，通过 Matlab 编程即可计算出权系数 a，b，c。

第二种方法是根据地层系数来确定单层的产量贡献权重。其中，地层系数等于渗透率与有效厚度的乘积：

$$L = Kh \tag{6.2}$$

式中　L——地层系数，无量纲；

　　　K——渗透率，mD；

　　　h——有效厚度，m。

第三种方法是根据多参数强度来确定单层的产量贡献权重。多参数强度为孔隙度、渗透率、有效厚度和深感应电阻率之间的乘积，其中，孔隙度反映储层的容纳能力，渗透率反映储层渗流能力，有效厚度反映油藏厚度，深感应电阻率反映储层含油饱和度。多参数强度具体表示为

$$G = \phi K h R_t \tag{6.3}$$

式中　G——多参数强度，无量纲；

　　　ϕ——孔隙度，%；

　　　K——渗透率，mD；

　　　h——有效厚度，m；

　　　R_t——深感应电阻率，$\Omega \cdot m$。

综合以上三种方法可以发现，第一种方法需要首先具备一定数量的单层压裂产量信息作为样本集，在实际生产中这些假设的已知条件并不具备，尤其是单层对应的产液剖面资料更少，所以第一种方法在实际中很难进行。第二种方法所用的地层系数来确定单层的产量贡献权重的方法，参数太少、太单一，不能很好地描述地层的信息和影响单层产量的因素。第三种方法考虑的角度还是从储层基本特性出发，描述单层产量的影响因素，作者认为如果有一些对应产液剖面资料来标定单层的产量贡献权重，可能第三种方法的适用性会更好。

6.2　压裂改造储层产能影响因素分析

通过6.1节第三种方法就可以得出单层的产量贡献权重，然后就可以利用生产、试油的压裂数据得到单层压裂后的采油强度（单位油层有效厚度的日产油量），接下来就可以进行储层压裂改造后产能影响因素分析的研究工作。

影响储层压裂改造后产能的因素很多，总体而言，大致可以分为三类：第一类是储层品质；第二类是储层可压性；第三类是压裂施工工艺，包括射孔的完善程度、酸化压裂改造措施等。因此，弄清影响产能的主要因素是产能预测的关键，也是产能建模的前提条件。

6.2.1　储层品质对压裂改造后产能的影响

储层品质包括储层的岩性、物性、孔隙结构、含油性和流体性质（温度、压力和原油黏度）等，而这些特征都可以直接通过测井响应特征来反映，或者由计算的储层参数来反映。比如岩性可以通过自然伽马、声波时差和深感应电阻率的测井响应特征来反映，也可以通过计算的泥质或者灰质含量等参数来反映，物性可以通过声波时差的测井响应特征或

者计算的孔隙度、渗透率来反映，含油性可以通过深感应电阻率的测井响应特征来反映，也可以直接通过计算含油饱和度来反映。

在研究这些参数对储层压裂改造后产能的影响之前，首先应该考虑一个前提条件，当含油性不同的时候，储层品质对储层压裂改造后产能的影响。从 W 油田 W15 断块和 F 油田的压裂资料上可知，W15 断块储层压裂后为油层较多，油水同层的较少，而 F 油田基本上储层压裂后以油水同层为主。因此，可以在 W15 断块考查含油性为油层的时候（含水率低于 10%）和含油性为油水同层的时候（含水率大于 10%，且小于 80%），分别研究储层品质对储层压裂改造后产能的影响。

6.2.1.1 W 油田的 W15 断块

（1）含油性为油层（含水率低于 10%）。

图 6.1 至图 6.8 是 W15 断块含水率低于 10% 的时候，采油强度分别与声波时差、孔隙度、渗透率、深感应电阻率、自然伽马、灰质含量、泥质含量以及去灰去泥后的体积含量的交会图。其中，交会图中的图例所显示的百分数为储层试油、投产的含水率。从图上可以看出，不管是 $E_1f_2^3$ 砂层组压裂，还是 $E_1f_1^1$ 砂层组压裂，又或者是两个砂层组合试压裂，在采油强度低于 1t/（d·m）的时候，声波时差、孔隙度、渗透率与采油强度有很好的相关关系，但是在采油强度大于 1t/（d·m）的时候，随着采油强度的增加，声波时差、孔隙度和渗透率趋于发散。说明储层的容纳能力和渗流能力在采油强度较低时，是决定储层压裂改造后采油强度高低的主要因素，而当采油强度大于某个门槛值时，储层的容纳能力和渗流能力就不再是决定储层压裂改造后采油强度高低的主要因素。而深感应电阻率、自然伽马、灰质含量、泥质含量以及去灰去泥后的体积含量与采油强度之间相关关系较差，说明这些参数都不是决定储层压裂改造后采油强度高低的主要因素。

值得注意的是，深感应电阻率与采油强度之间没有相关关系，过去常常认为深感应电阻率反映含油饱和度的高低，含油饱和度的高低反映出储层最终压裂改造后采油强度的高低，这与以往的认识不相符。笔者认为，这种不相符有两点原因：一是地层受灰质含量的影响，会引起地层的深感应电阻率变大，从而使深感应电阻率反映饱和度的特征变弱，造成两者关系的一定混淆。二是在含水率低于 10% 的情况下，可以认为储层中的含油饱和度相对差不多，在储层整体物性较差的情况下，深感应电阻率只要达到一个出油的门槛值，就可以有一定的采油强度，而非整体呈现很好的相关性。

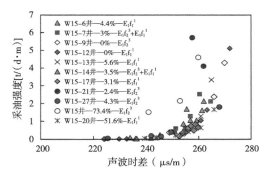

图 6.1 W15 断块采油强度与声波时差的关系

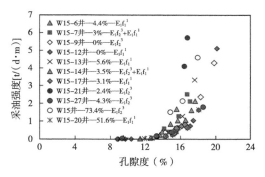

图 6.2 W15 断块采油强度与孔隙度的关系

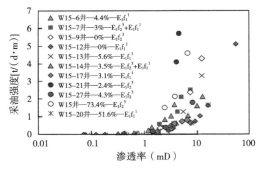

图 6.3　W15 断块采油强度与渗透率的关系

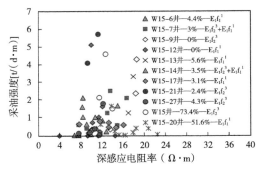

图 6.4　W15 断块采油强度与深感应电阻率的关系

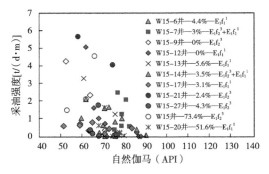

图 6.5　W15 断块采油强度与自然伽马的关系

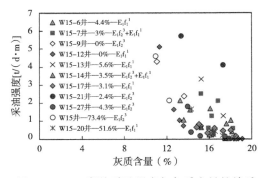

图 6.6　W15 断块采油强度与灰质含量的关系

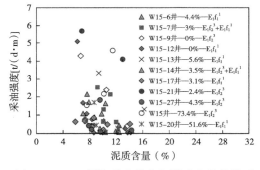

图 6.7　W15 断块采油强度与泥质含量的关系

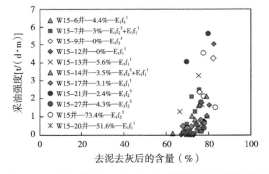

图 6.8　采油强度与去灰去泥后的体积含量的关系

（2）含油性为油水同层（含水率大于 10%，且小于 80%）。

图 6.1 至图 6.8 中的 W15 井和 W15-20 井是含水率大于 10%，且小于 80% 的两口井。从图上可以看出，这两口井的数据点基本上跟含水率低于 10% 的情况下，采油强度与声波时差、孔隙度、渗透率、深感应电阻率、自然伽马、灰质含量、泥质含量以及去灰去泥后的体积含量的变化规律差不多，说明含油性不同对于压裂后采油强度的变化规律影响不大，可以用同一种关系来描述含油性不同时的采油强度关系。

6.2.1.2　F 油田

根据上面描述的结果，F 油田不需要再考虑含油性对压裂后采油强度变化的影响。图 6.9 至图 6.14 是 F 油田采油强度分别与声波时差、孔隙度、渗透率、深感应电阻率、自然伽马以及灰质含量的交会图。从图上可以看出，声波时差、孔隙度和渗透率在采油强度小于 0.9t/（d·m）的时候，与采油强度有很好的相关关系。在采油强度大于 0.9t/（d·m）的时候，随着采油强度的增加，声波时差、孔隙度和渗透率不再变化，都趋向一个定值。这与 W15 断块的特征规律是一样的，当采油强度小于某个门槛值时，敏感的测井响应特征所反映的储层品质特征对压裂改造后采油强度的高低贡献很大，当采油强度大于某个门槛值时，储层品质与压裂改造后采油强度的变化无关。

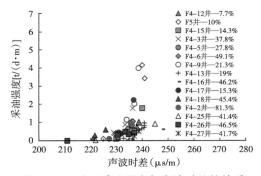

图 6.9　F 油田采油强度与声波时差的关系

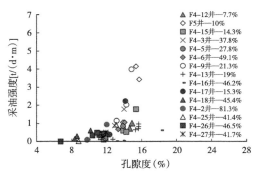

图 6.10　F 油田采油强度与孔隙度的关系

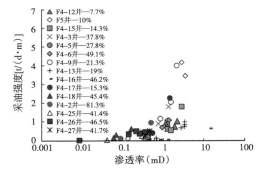

图 6.11　F 油田采油强度与渗透率的关系

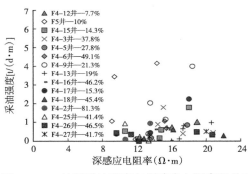

图 6.12　F 油田采油强度与深感应电阻率的关系

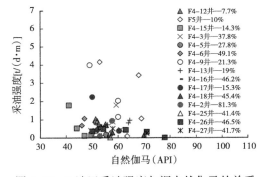

图 6.13　F 油田采油强度与深自然伽马的关系

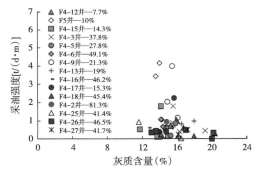

图 6.14　F 油田采油强度与灰质含量的关系

另外，深感应电阻率、自然伽马和灰质含量与采油强度之间的关系较差，因此深感应电阻率、自然伽马和灰质含量也不是决定储层改造后采油强度高低的主要因素。

6.2.2 储层可压性对压裂改造后产能的影响

Rickman 等国外学者通过脆性指数表征可压裂性，具体计算方法见 4.7 节。图 6.15 是 W 油田 W15 断块采油强度与脆性指数的关系。从图上可以看出，脆性指数主要分布在 30%~45%，当采油强度小于 1t/（d·m）时，脆性指数基本上随采油强度的增加而变化不大，当采油强度大于 1t/（d·m）时，采油强度与脆性指数有很好的正相关趋势，说明脆性指数也是影响储层压裂改造后产能高低的主要因素。而 F 油田没有做纵横波速度测量实验和三轴应力实验，因此没办法计算出静态意义上的脆性指数，在这里就不讨论了。

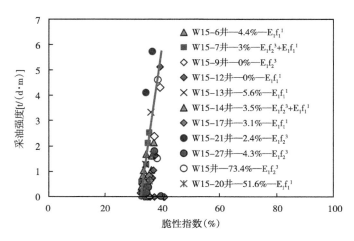

图 6.15　W 油田 W15 断块采油强度与脆性指数的关系

6.2.3 压裂工艺对压裂改造后产能的影响

水力压裂是油气藏增产和提高采收率最有效的措施之一。随着水力压裂技术在低渗透油气田勘探、开发及其他工业生产领域中的广泛使用，其理论方法、工艺、设备及工具方面都得到了迅速的发展。水力压裂施工参数对储层改造效果有重要影响，若在施工设计及施工过程中对某些潜在因素考虑欠妥或处理不佳，将会在不同程度上影响压裂效果。压裂施工设计报告中涉及的参数较多，有压裂液用量、施工排量、施工加砂量、施工砂比、破裂压力及施工泵压等。加砂量影响着填充裂缝的导流能力，若采用较小的加砂量，则在压裂施工中难以得到较高导流能力的支撑剖面，若采用较高的加砂量，则容易形成砂堵，合理的加砂量将会获得较好的压裂效果。施工压力一般受施工排量大小的影响，在其他条件不变的情况下，一般施工排量越大，施工压力也越大。当施工排量过小，小于地层吸液能力时，无法憋起高压，此时施工压力过小无法压裂地层；如果排量过高，施工压力过大，一方面可能压串遮挡层，另一方面受设备及油管等承受压力的限制，影响着压裂施工的安全性。

6.2.3.1 W 油田 W15 断块

图 6.16 至图 6.21 是 W15 断块采油强度分别与压裂液用量、施工平均砂比、施工排量、实际加砂量、实际施工压力和破裂压力的关系。从图上可以看出，采油强度与压裂液

用量、施工平均砂比、施工排量、实际加砂量和破裂压力之间相关性较差，而与实际施工压力关系较好。说明实际施工压力也是影响储层压裂改造后采油强度高低的主要因素，其中，当实际施工压力大于27MPa时，采油强度大于1t∕（d·m）。

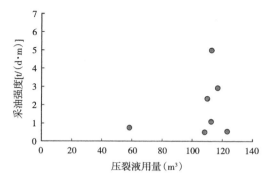 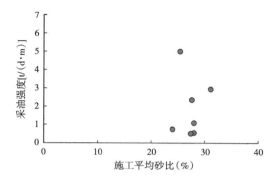

图 6.16　W15 断块采油强度与压裂液用量的关系　　图 6.17　W15 断块采油强度与施工平均砂比的关系

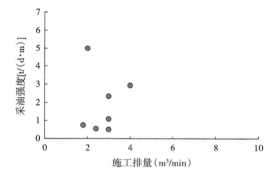 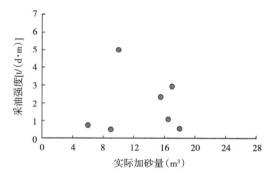

图 6.18　W15 断块采油强度与施工排量的关系　　图 6.19　W15 断块采油强度与实际加砂量的关系

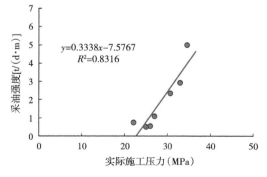 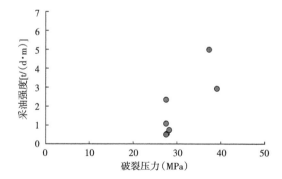

图 6.20　W15 断块采油强度与实际施工压力的关系　　图 6.21　W15 断块采油强度与破裂压力的关系

6.2.3.2　F 油田

图 6.22 至图 6.28 是 F 油田采油强度分别与压裂液用量、施工平均砂比、施工排量、实际加砂量、预计施工压力、实际施工压力和破裂压力的关系。从图上可以看出，采油强度与压裂液用量、施工平均砂比、施工排量、预计施工压力、实际加砂量和破裂压力之间

相关性较差，其中，施工平均砂比和施工排量都不随采油强度的变化而变化，趋向于定值。而采油强度与实际施工压力关系较好，与预计施工压力关系略差，说明实际施工压力和预计施工压力也是影响储层压裂改造后产能高低的主要因素。其中，当实际施工压力大于35.1MPa时，采油强度大于1t/（d·m），可实际上大部分的施工压力都在30MPa上下，很少达到35.1MPa，也说明了F油田的大部分储层产能很低。另外，从图上还可以看出，实际施工参数和压裂设计中的参数是有差别，比如实际施工压力和预计施工压力，这些势必对后面的产能分级、产能定量评价造成一定的困扰。

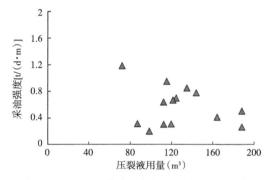

图6.22　F油田采油强度与压裂液用量的关系

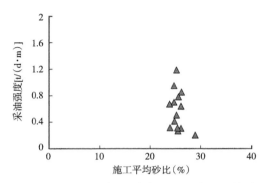

图6.23　F油田采油强度与施工平均砂比关系

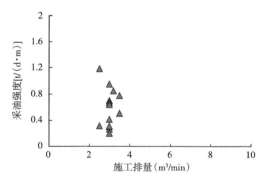

图6.24　F油田采油强度与施工排量的关系

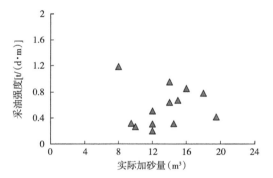

图6.25　F油田采油强度与实际加砂量的关系

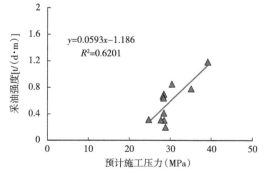

图6.26　F油田采油强度与预计施工压力关系

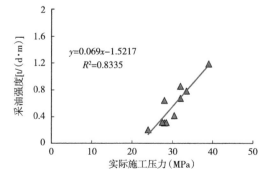

图6.27　F油田采油强度与实际施工压力关系

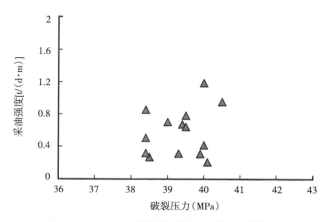

图 6.28 F 油田采油强度与破裂压力的关系

6.3 压裂改造储层产能分级判断方法

在对储层压裂改造后的产能定量评价之前，首先要进行产能的分级判断，这不仅可以对储层压裂后产能有个直观的定性认识，还可以对接下来产能的定量评价起到缩小误差的目的。

通过 6.2 节对影响压裂后产能结果因素的分析得出：在 W 油田 W15 断块中；当采油强度小于 1t/（d·m）时，声波时差、孔隙度、渗透率和实际施工压力可以较好地反映储层压裂改造后采油强度的高低；当采油强度大于 1t/（d·m）时，只有脆性指数和实际施工压力可以较好地反映储层压裂改造后采油强度的高低。而在 F 油田中，当采油强度小于0.9t/（d·m）时，声波时差、孔隙度、渗透率以及实际施工压力可以较好地反映储层压裂改造后采油强度的高低；当采油强度大于 0.9t/（d·m）时，只有实际施工压力可以较好地反映储层压裂改造后采油强度的高低。

基于此，本书采用 Fisher 判别法对压裂改造后储层采油强度级别进行划分。由于实际施工参数和压裂设计中的参数是有差别的，因此还需要考虑预计施工压力对产能分级评价造成的影响。

6.3.1 Fisher 判别法原理

应用统计方法解决模式识别的问题时，碰到的问题之一是维数问题。在低维空间里，从解析上或计算上是行得通的方法，在高维空间里往往是行不通的。因此，降低维数有时就成为处理实际问题的关键。

考虑把 d 维空间的样本投影到一条直线上，形成一维空间，即把维数压缩到一维。这在数学上总是容易办到的。然而，即使样本在 d 维空间里形成若干紧凑的互相分得开的集群，若把它们投影到一条任意的直线上，也可能使几类样本混在一起而变得无法识别。但在一般情况下，总可以找到某个方向，使得在这个方向的直线上，样本的投影能分开得最好。问题是如何根据实际情况找到这条最好的、最易于分类的投影线，这就是 Fisher 判别所要解决的问题。

具体的原理和算法很多文献已经论述的很详细，在这里就不再描述了。图 6.29 是利用 SPSS 软件实现 Fisher 判别法的操作界面。

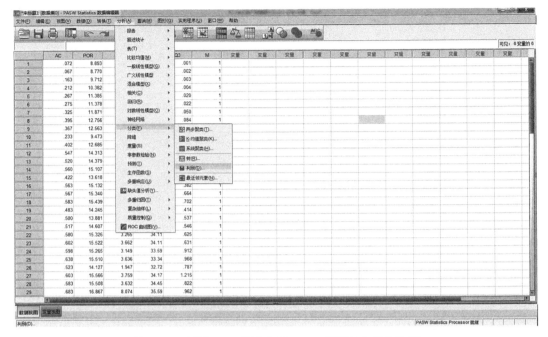

图 6.29　利用 SPSS 软件实现 Fisher 判别法的操作界面

6.3.2　产能分级判别模型建立

综合储层压裂改造后的采油强度与声波时差、孔隙度、渗透率和脆性指数等参数的关系，参考中国石油产能分级标准 Q/SY 1459—2012，将 W 油田 W15 断块储层压裂改造后的采油强度分为两级，即采油强度大于 1t/（d·m）和小于 1t/（d·m），将 F 油田储层压裂改造后的采油强度也分为两级，即采油强度大于 0.9t/（d·m）和小于 0.9t/（d·m）。其中，门槛值具体选择是多少的时候，不光要参考产能分级标准，还要考虑地区的特征规律。

另外，值得注意的是，不管是单层压裂，还是合层压裂，施工压力只有一个值，不可能对应到单层上，也就是说跟声波时差、孔隙度、渗透率和脆性指数可能匹配不到同一个单层上，这时候需要将施工压力转换成视采油强度，再利用有效厚度和产能劈分系数劈分到单层中，与声波时差、孔隙度、渗透率和脆性指数匹配到同一个单层上。

6.3.2.1　W 油田的 W15 断块

利用 SPSS 软件，将 W 油田的 W15 断块储层压裂改造后的采油强度大于 1t/（d·m）和小于 1t/（d·m）的分级为因变量，以声波时差、孔隙度、渗透率、脆性指数以及将实际施工压力转换的视采油强度为自变量，建立了 Fisher 判别函数，判别式见表 6.2。另外，还考虑了两种情况对于产能分级判别的影响：（1）不考虑施工压力，自变量只考虑声波时差、孔隙度、渗透率和脆性指数，判别式见表 6.3；（2）不考虑脆性指数和施工压力，自变量只考虑声波时差、孔隙度和渗透率，判别式见表 6.4。

表 6.2 　W 油田的 W15 断块的采油强度分级判别函数 （五参数）

采油强度分级级别	判别式
Ⅰ类 ［小于 1t/（d·m）］	$Y_1 = 149.207\Delta t_g + 4.421\phi - 3.260K + 20.390B_{rit} - 14.794qq_2 - 412.105$
Ⅱ类 ［大于 1t/（d·m）］	$Y_2 = 153.379\Delta t_g + 4.691\phi - 3.247K + 20.984B_{rit} - 13.141qq_2 - 442.289$

注：ϕ 为孔隙度，%；Δt_g 为声波时差归一化数值，小数；K 为渗透率，mD；B_{rit} 为脆性指数，%；qq_2 为实际施工压力转换到单层中的视采油强度，t/（d·m）。

表 6.3 　W 油田的 W15 断块的采油强度分级判别函数 （四参数）

采油强度分级级别	判别式
Ⅰ类 ［小于 1t/（d·m）］	$Y_1 = 104.442\Delta t_g + 3.410\phi - 2.677K + 17.368B_{rit} - 346.638$
Ⅱ类 ［大于 1t/（d·m）］	$Y_2 = 113.617\Delta t_g + 3.793\phi - 2.729K + 18.299B_{rit} - 390.638$

表 6.4 　W 油田的 W15 断块的采油强度分级判别函数 （三参数）

采油强度分级级别	判别式
Ⅰ类 ［小于 1t/（d·m）］	$Y_1 = -346.066\Delta t_g + 29.520\phi - 0.857K - 122.751$
Ⅱ类 ［大于 1t/（d·m）］	$Y_2 = -361.041\Delta t_g + 31.302\phi - 0.811K - 142.105$

　　其中，将储层压裂改造后采油强度小于 1t/（d·m） 的分级判别为 Ⅰ类，储层压裂改造后采油强度大于 1t/（d·m） 的分级判别为 Ⅱ类。在对全井段进行判别时，同时输入两个判别函数进行计算，如计算的 Y_1 最大，则储层计算的采油强度分级判别为 Ⅰ类，反之，则为 Ⅱ类。分别应用自变量为五参数、四参数和三参数建立的判别函数对建模数据进行回判，表 6.5 是自变量为五参数的回判结果，Ⅰ类产能级别的回判率为 88.6%，Ⅱ类产能级别的回判率为 80%，整体回判率为 85.4%；表 6.6 是自变量为四参数的回判结果，Ⅰ类产能级别的回判率为 85.7%，Ⅱ类产能级别的回判率为 80%，整体回判率为 83.6%；表 6.7 是自变量为三参数的回判结果，Ⅰ类产能级别的回判率为 82.9%，Ⅱ类产能级别的回判率为 75%，整体回判率为 80%。通过对上述几种情况产能级别回判率结果的比较，说明自变量为五参数（以声波时差、孔隙度、渗透率、脆性指数以及将实际施工压力转换的视采油强度为自变量） 的产能分级判别效果最为理想，可作为 W 油田 W15 断块产能分级判别。

表 6.5 　W 油田的 W15 断块的采油强度分级 Fisher 判别回判结果 （五参数）

		采油强度分级	预测组成员		合计
			Ⅰ	Ⅱ	
初始	计数	Ⅰ	31	4	35
		Ⅱ	4	16	20
	%	Ⅰ	88.6	11.4	100.0
		Ⅱ	20.0	80.0	100.0

表 6.6　W 油田的 W15 断块的采油强度分级 Fisher 判别回判结果 （四参数）

		采油强度分级	预测组成员		合计
			Ⅰ	Ⅱ	
初始	计数	Ⅰ	30	5	35
		Ⅱ	4	16	20
	%	Ⅰ	85.7	14.3	100.0
		Ⅱ	20.0	80.0	100.0

表 6.7　W 油田的 W15 断块的采油强度分级 Fisher 判别回判结果 （三参数）

		采油强度分级	预测组成员		合计
			Ⅰ	Ⅱ	
初始	计数	Ⅰ	29	6	35
		Ⅱ	5	15	20
	%	Ⅰ	82.9	17.1	100.0
		Ⅱ	25.0	75.0	100.0

6.3.2.2　F 油田

将 F 油田储层压裂改造后的采油强度大于 0.9t/(d·m) 和小于 0.9t/(d·m) 的分级为因变量，同样考虑了几种情况对于产能分级判别的影响：（1）为了研究实际施工压力和预计施工压力对于产能分级判别的影响，分别以声波时差、孔隙度、渗透率以及将预计施工压力转换的视采油强度为自变量，和以声波时差、孔隙度、渗透率和将实际施工压力转换的视采油强度为自变量，建立了 Fisher 判别函数，判别式见表 6.8 和表 6.9。（2）不考虑施工压力，自变量只考虑声波时差、孔隙度和渗透率，建立了 Fisher 判别函数，判别式见表 6.10。

表 6.8　F 油田的采油强度分级判别函数 （四参数）

采油强度分级级别	判别式
Ⅰ类 ［小于 0.9t/(d·m)］	$Y_1 = -11.630\Delta t_g + 5.720\phi - 3.569K + 2.595qq_3 - 30.736$
Ⅱ类 ［大于 0.9t/(d·m)］	$Y_2 = -22.760\Delta t_g + 7.016\phi - 4.371K + 6.501qq_3 - 42.801$

注：qq_3 为预计施工压力转换到单层中的视采油强度，$t/(d·m)$。

表 6.9　F 油田的采油强度分级判别函数 （四参数）

采油强度分级级别	判别式
Ⅰ类 ［小于 0.9t/(d·m)］	$Y_1 = -3.096\Delta t_g + 5.143\phi - 3.156K - 0.693qq_2 - 29.101$
Ⅱ类 ［大于 0.9t/(d·m)］	$Y_2 = -15.092\Delta t_g + 6.136\phi - 3.342K + 7.680qq_2 - 41.780$

表 6.10　F 油田的采油强度分级判别函数 （三参数）

采油强度分级级别	判别式
Ⅰ类 ［小于 0.9t/(d·m)］	$Y_1 = -4.988\Delta t_g + 5.423\phi - 3.301K - 30.339$
Ⅱ类 ［大于 0.9t/(d·m)］	$Y_2 = -6.123\Delta t_g + 6.272\phi - 3.700K - 40.308$

其中，储层压裂改造后的采油强度小于 $0.9t/(d\cdot m)$ 的分级判别为 I 类，储层压裂改造后的采油强度大于 $0.9t/(d\cdot m)$ 的分级判别为 II 类。判别方法与上述一致。分别应用自变量为四参数和三参数建立的判别函数对建模数据进行回判，表 6.11 是自变量为声波时差、孔隙度、渗透率以及将预计施工压力转换的视采油强度的回判结果，I 类产能级别的回判率为 80%，II 类产能级别的回判率为 80%，整体回判率为 80%；表 6.12 是自变量为声波时差、孔隙度、渗透率以及将实际施工压力转换的视采油强度的回判结果，I 类产能级别的回判率为 91.4%，II 类产能级别的回判率为 87.5%，整体回判率为 90.7%；表 6.13 是自变量为声波时差、孔隙度和渗透率的回判结果，I 类产能级别的回判率为 68.6%，II 类产能级别的回判率为 80%，整体回判率为 71.1%。通过对上述几种情况产能级别的回判率结果的比较，说明自变量为声波时差、孔隙度、渗透率以及将实际施工压力转换的视采油强度的产能分级判别效果最为理想，分级精度高，而以声波时差、孔隙度、渗透率和将预计施工压力转换的视采油强度为自变量的判别模式，分级精度相比较差，可是在实际生产中，最先给出的信息还是预计施工压力，因此施工压力的可靠性或者准确性直接影响着产能分级判别的效果。

表 6.11 F 油田的采油强度分级 Fisher 判别回判结果（四参数）

		采油强度分级	预测组成员		合计
			I	II	
初始	计数	I	28	7	35
		II	2	8	10
	%	I	80.0	20.0	100.0
		II	20.0	80.0	100.0

表 6.12 F 油田的采油强度分级 Fisher 判别回判结果（四参数）

		采油强度分级	预测组成员		合计
			I	II	
初始	计数	I	32	3	35
		II	1	7	8
	%	I	91.4	8.6	100.0
		II	12.5	87.5	100.0

表 6.13 F 油田的采油强度分级 Fisher 判别回判结果（三参数）

		采油强度分级	预测组成员		合计
			I	II	
初始	计数	I	24	11	35
		II	2	8	10
	%	I	68.6	31.4	100.0
		II	20.0	80.0	100.0

6.4　压裂改造储层产能定量预测方法

对于低渗透特低渗透储层来说，其产能定量评价不同于中高孔渗透的自然产能评价。对于好的储层，由于物性好，渗流特征满足达西定律，产能定量评价可以直接用达西方程。而低渗透特低渗透储层其渗流特征往往不满足达西定律，以前自然产能的评价方法均不能借鉴和套用。为此，笔者查阅了国内外的文献资料，目前提到储层压裂改造后的产能计算模型主要有公式法和多元回归法。在这里就只介绍公式法中的稳态渗流公式法、考虑启动压力梯度稳态产能公式、非线性渗流模型公式和增产倍数法这几种。下面就将这些方法作具体描述。

6.4.1　公式法

6.4.1.1　稳态渗流公式法

当该井自然产能很低或者为干层时，采用无限导流能力垂直裂缝井稳态渗流产能计算公式：

$$q_o = \frac{2\pi K_o h(p_{avg} - p_w)}{\eta_o B(\ln \frac{2r_e}{r_f} + S_f - 1/2)} \tag{6.4}$$

$$q_w = \frac{2\pi K_w h(p_{avg} - p_w)}{\eta_w B(\ln \frac{2r_e}{r_f} + S_f - 1/2)} \tag{6.5}$$

其中：

$$S_f = \frac{\pi w_s}{2x_f}\left(\frac{K}{K_s} - 1\right) \tag{6.6}$$

式中　p_{avg}——泄流区的平均压力，MPa；

　　　p_w——流压，MPa；

　　　w_s——裂缝污染部分的宽度，m；

　　　K_s——裂缝污染部分的渗透率，mD

　　　x_f——水力垂直裂缝半长，m；

　　　K_o——油相相对渗透率，%；

　　　K_w——水相相对渗透率，%；

　　　h——油层厚度，m；

　　　η_o——原油黏度，mPa·s；

　　　η_w——地层水黏度，mPa·s；

　　　r_e——动用半径，m；

　　　r_f——生产半径，m；

　　　B——地层原油体积系数，无量纲；

　　　S_f——裂缝表皮系数，无量纲。

　　裂缝动态长度和宽度计算公式：

（1）当考虑滤失情况下：

$$L(t) = \frac{1}{2\pi} \frac{i}{Ch} t^{1/2} \qquad (6.7)$$

$$\overline{w}(0, t) = 1.12 \left[\frac{(1-\mu)\eta i^2}{GCh} \right]^{1/4} t^{1/8} \qquad (6.8)$$

（2）当不考虑滤失情况下：

$$L = 0.44 \left[\frac{Gt^3}{h^4(1-\mu)\eta} \right]^{1/5} t^{4/5} \qquad (6.9)$$

滤失系数的计算公式：

（1）可压缩流体滤失系数 C_c：

$$C_c = \sqrt{\frac{\phi K_{fl} K}{\pi \eta_f}} \Delta p \qquad (6.10)$$

（2）黏性流体滤失系数 C_v：

$$C_v = \sqrt{\frac{\phi K}{\pi \eta}} \Delta p \qquad (6.11)$$

（3）造壁作用压裂液滤失系数 C_w

$$C_w = \alpha_w \sqrt{\Delta p} \qquad (6.12)$$

式中　$L(t)$——裂缝动态长度，m；
　　　$\overline{w}(0, t)$——井眼处裂缝平均动态宽度，m；
　　　i——排量，m³/min；
　　　C——滤失系数，无量纲；
　　　t——施工时间，s；
　　　G——地层的弹性模量，GPa；
　　　η——压裂液的黏度，mPa·s；
　　　μ——泊松比，无量纲；
　　　Δp——生产压差，MPa；
　　　K_{fl}——地层流体等温压缩系数，无量纲；
　　　η_f——地层流体黏度，mPa·s；
　　　ϕ——孔隙度，%；
　　　α_w——比例系数，无量纲。

综合式（6.10）至式（6.12）可推出：

$$C = \frac{-\dfrac{1}{C_c} + \sqrt{\dfrac{1}{C_c^2} + 4\left(\dfrac{1}{C_v^2} + \dfrac{1}{C_w^2}\right)}}{2\left(\dfrac{1}{C_v^2} + \dfrac{1}{C_w^2}\right)} \qquad (6.13)$$

裂缝闭合宽度及渗透率计算：

（1）支撑剂表面铺置浓度：

$$M_0 = 2hL\Gamma_{\mathrm{s}} \tag{6.14}$$

（2）裂缝最终宽度：

$$\overline{\omega}_{\mathrm{f}} = \Gamma_{\mathrm{s}}/(1 - \phi_{\mathrm{f}})\rho_{\mathrm{b}} \tag{6.15}$$

（3）裂缝渗透率：

$$K_{\mathrm{f}} = \frac{d_{\mathrm{p}}^2 \phi_{\mathrm{f}}^3}{150(1 - \phi_{\mathrm{f}})^2} \tag{6.16}$$

6.4.1.2　考虑启动压力梯度稳态产能公式

原油在裂缝内的流动符合达西定律，考虑启动压力梯度的裂缝无限导流能力长缝压裂井产能公式为：

$$Q = \frac{dK_0 H_{\mathrm{f}}\left(p_0 - p_{\mathrm{f}} - G\ln\dfrac{2r_{\mathrm{e}}}{x_{\mathrm{f}}}\right)}{5\eta\ln\dfrac{2r_{\mathrm{e}}}{x_{\mathrm{f}}}} \tag{6.17}$$

式中　Q——压裂直井的产能，t/d；

　　　H_{f}——裂缝高度，cm；

　　　K_0——地层有效渗透率，mD；

　　　η——地层流体黏度，mPa·s；

　　　G——启动压力梯度，MPa/cm；

　　　p_{e}——供给半径处压力，MPa；

　　　p_{f}——裂缝处压力，MPa；

　　　x_{f}——裂缝半长，m。

适用条件：（1）裂缝高度与油层有效厚度相等；（2）裂缝宽度远小于原油供给半径；（3）流体渗流为单相渗流；（4）稳态渗流，只考虑水平方向流动；（5）忽略地层及裂缝污染。

6.4.1.3　非线性渗流模型公式

直井体积压裂致密油渗流场可以简化为3个区（图6.30和图6.31）：

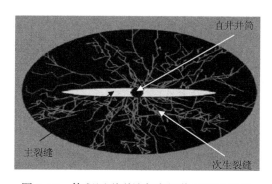

图6.30　体积压裂裂缝复杂网络系统示意图

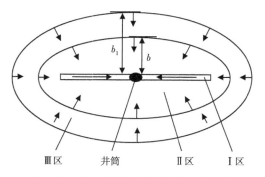

图6.31　直井体积压裂流通形态示意图

Ⅰ区：水力压裂主裂缝区域（线性流动）；

Ⅱ区：储层体积压裂改造椭圆缝网渗流区，即次生裂缝及微裂缝形成的区域（二维非线性椭圆渗流）；

Ⅲ区：由于致密油非线性渗流特性和体积压裂改造区的影响，形成的基质椭圆渗流区（非线性径向流）。

其形式可描述为：

$$q = \frac{p_e - p_w - G_1\left(\frac{\sqrt{x_f^2 + L_e^2} + L_e}{2} - \frac{x_f}{2}\right) - G_2\left(\frac{\sqrt{x_f^2 + b_1^2} + b_1}{2} - \frac{\sqrt{x_f^2 + L_e^2} + L_e}{2}\right)}{R_1 + R_2 + R_3} \quad (6.18)$$

式中　G_1——体积压裂改造区启动压力梯度，MPa/m；

　　　G_2——基质区启动压力梯度，MPa/m；

　　　L_e——裂缝改造区域的直线长度，m；

　　　r_e——动用半径，m；

　　　p_e——供给边界压力，MPa；

　　　p_w——井底流压，MPa；

　　　R_1——主裂缝的渗流阻力，Pa·s/(m²·m)；

　　　R_2——缝网改造区的渗流阻力，Pa·s/(m²·m)；

　　　R_3——基质区的渗流阻力，Pa·s/(m²·m)；

　　　b——椭圆形体积改造区域短半轴长，m；

　　　X_f——主裂缝半长，m；

　　　b_1——改造实际长度，m。

6.4.1.4　增产倍数法

当井压前油、水两相同产且自然产能较大时（大于0.1t/d），采用油、水两相增产倍数法进行压后产能求解：

$$\frac{PI_{so}}{PI_{do}} = \frac{\frac{K_o}{K_{so}}\ln\frac{r_s}{r_w} + \ln\frac{r_e}{r_s}}{\frac{K_o}{K_{so}}\ln\frac{1 + \frac{w}{\pi r_s}\left(\frac{K_f}{K_{so}} - 1\right)}{\frac{r_w}{r_s} + \frac{w}{\pi r_s}\left(\frac{K_f}{K_{so}} - 1\right)} + \ln\frac{1 + \frac{w}{\pi L}\left(\frac{K_f}{K_o} - 1\right)}{\frac{r_s}{L} + \frac{w}{\pi L}\left(\frac{K_f}{K_o} - 1\right)} + \ln\frac{r_e}{L}} \quad (6.19)$$

$$\frac{PI_{rw}}{PI_{dw}} = \frac{\frac{K_w}{K_{sw}}\ln\frac{r_s}{r_w} + \ln\frac{r_e}{r_s}}{\frac{K_w}{K_{sw}}\ln\frac{1 + \frac{w}{\pi r_s}\left(\frac{K_f}{K_{sw}} - 1\right)}{\frac{r_w}{r_s} + \frac{w}{\pi r_s}\left(\frac{K_f}{K_{sw}} - 1\right)} + \ln\frac{1 + \frac{w}{\pi L}\left(\frac{K_f}{K_w} - 1\right)}{\frac{r_s}{L} + \frac{w}{\pi L}\left(\frac{K_f}{K_w} - 1\right)} + \ln\frac{r_e}{L}} \quad (6.20)$$

式中　PI_{do}——存在地层损害时的油相产能指数，m³/(m·MPa·d)；

　　　PI_{dw}——存在地层损害时的水相产能指数，m³/(m·MPa·d)；

　　　PI_{so}——存在地层损害且有压裂缝刺穿时的油相产能指数，m³/(m·MPa·d)；

PI_{sw}——存在地层损害且有压裂缝刺穿时的水相产能指数，$m^3/(m \cdot MPa \cdot d)$；

K_o——地层油相渗透率，%；

K_w——地层水相渗透率，%；

K_{so}——损害带油相渗透率，%；

K_{sw}——损害带水相渗透率，%；

K_f——裂缝渗透率，mD；

w——压裂缝宽度，m；

r_e——泄流半径，m；

r_s——损害区半径，m；

r_w——井筒半径，m；

L——裂缝半长，m。

另外，这四种产能模型中其他一些参数可利用如下关系求解：

（1）地层压力。

根据井口测试地层压力与测试深度的关系可知，随着深度的增加，压力逐渐增大。地层压力的计算采用压力与深度的关系进行回归拟合计算，公式如下：

$$p_2 = AA \times DEP + BB \tag{6.21}$$

式中　DEP——地层深度，m；

$\quad p_2$——地层压力，MPa；

$\quad$AA，BB——公式系数，无量纲。

（2）地层温度。

根据井口的测试资料，可获得地层温度与深度的关系，公式如下：

$$T = AA_1 \times DEP + BB_1 \tag{6.22}$$

式中　T——地温梯度，℃；

$\quad$AA$_1$，BB$_1$——公式系数，无量纲。

（3）生产压力。

①与地层压力相类似，根据实际地层资料，得到了井底流压与深度的关系式，公式如下：

$$p_{wf} = AA_2 \times DEP - BB_2 \tag{6.23}$$

式中　p_{wf}——井底流压，MPa；

$\quad$AA$_2$，BB$_2$——公式系数，无量纲。

②根据文献分析资料，认为生产压差 Δp 是储层综合物性及深度的函数，建立公式如下：

$$\Delta p = \frac{AA_3 \times \sqrt{K/\phi}}{DEP} + BB_3 \tag{6.24}$$

式中　Δp——生产压差，MPa；

$\quad$AA$_3$，BB$_3$——公式系数，无量纲。

（4）供油半径。

对于探井来说，由于试油的过程相对来说时间比较短，可认为供油半径是试油过程的测试半径。根据已有的文献，供油半径是一个与储层的综合物性指数，即品质因子 $\sqrt{K/\phi}$、开井时间、储层内流体性质有关的参数。

供油半径通常用下式来表示：

$$r_e = A\sqrt{\frac{Kt_p}{\phi\eta_o C_t}} \qquad (6.25)$$

式中　t_p——开井时间，s；

　　　η_o——原油黏度，mPa·s；

　　　C_t——综合压缩系数，无量纲；

　　　A——经验系数，无量纲。

（5）原油黏度。

根据地层温度下地层脱气原油黏度来确定油层条件下的原始黏度，相关公式为：

$$\eta_o = A\eta_{oD}^{B} \qquad (6.26)$$

其中：

$$\eta_{oD} = \eta_{50}(T/50) - 1.58 \qquad (6.27)$$

$$\eta_{50} = 12621e^{-0.86T} \qquad (6.28)$$

$$A = 4.4044(\rho_o R_s + 17.7935)^{0.750653} \qquad (6.29)$$

$$B = 3.0352(\rho_o R_s + 26.6904) \qquad (6.30)$$

式中　η_{oD}——地层温度下地层脱气原油黏度，mPa·s；

　　　η_{50}——脱气原油在50℃的黏度，mPa·s；

　　　ρ_o——地面脱气密度，g/cm^3；

　　　R_s——溶解气油比，无量纲；

　　　T——地层温度，℃；

　　　A——待定系数，无量纲；

　　　B——待定幂指数，无量纲。

（6）表皮系数。

①统计回归方法。

根据试井和测井资料，利用孔渗、电阻率和生产压差等数据建立多元回归关系式求取表皮系数 S，公式如下：

$$S = f(\phi,\ K,\ \Delta p,\ R_t,\ R_i) \qquad (6.31)$$

②从储层污染角度分析，表皮系数主要与储层伤害前后的渗透率、伤害半径和井眼半径等参数有关。根据储层伤害定义表皮系数为：

$$S = \left(\frac{K}{K_d} - 1\right)\ln\frac{r_d}{r_w} \qquad (6.32)$$

式中　K——储层污染前的地层渗透率，mD；

　　　K_d——储层污染后的地层渗透率，mD；

　　　r_d——储层污染区半径，m；

　　　r_w——井眼半径，m。

（7）启动压力梯度。

采用实验数据进行回归，得到低渗透油藏的启动压力梯度与渗透率的函数关系为：

$$G = \lambda K^{n_d} \tag{6.33}$$

式中　G——启动压力梯度，MPa/m；

　　　K——地层渗透率，mD；

　　　λ，n_d——回归参数，无量纲。

综合这四种公式法可以得到这样一个认识：公式中涉及的参数很多，在实际产能定量评价中需要收集到现场很多的资料信息。另外，还可以发现，公式中需要求解出储层压裂后的裂缝动态长度和宽度这两个关键参数，但是这两个参数并没有实际的裂缝动态长度和宽度来验证其计算结果的可靠性，换而言之，目前还没有一种测量方法是可以直接测量得到裂缝动态长度和宽度的，也就无法对理论计算的结果进行标定。

综上所述，笔者认为公式法的优势在于有一定的理论基础，针对不同的地层特征或者油水关系可以选用不同的理论公式，但是缺点也是很明显的，资料要求收集很多，关键参数裂缝动态长度和宽度无法标定，最终造成产能的定量计算结果在不同的地区存在不同程度的误差，很难在实际中应用推广。

6.4.2　多元回归法

多元回归法是在明确影响储层压裂改造后产能的因素基础上，利用数学统计法建立储层压裂改造后产能的多元回归模型。在本书中，产能的定量评价主要是针对采油强度这样一个指标开展相应的研究工作。

从6.2节可以得出，在 W 油田 W15 断块中，当采油强度小于 1t/（d·m）时，声波时差、孔隙度、渗透率以及实际施工压力对储层压裂改造后采油强度的变化很敏感；当采油强度大于 1t/（d·m）时，只有脆性指数和实际施工压力对储层压裂改造后采油强度的变化很敏感。在 F 油田中，当采油强度小于 0.9t/（d·m）时，声波时差、孔隙度、渗透率以及实际施工压力对储层压裂改造后采油强度的变化很敏感；当采油强度大于 0.9t/（d·m）时，只有实际施工压力可以较好地反映储层压裂改造后采油强度的高低。

另外，在应用中实际施工压力与预计施工压力是有差异的，因此也需要考虑实际施工压力与预计施工压力分别对采油强度预测结果的差异性。值得注意的是，不管是单层压裂，还是合层压裂，施工压力只有一个值，不可能对应到单层上，也就是说跟声波时差、孔隙度、渗透率和脆性指数可能匹配不到同一个单层上，这时候需要将施工压力转换成视采油强度，再利用有效厚度和产能劈分系数劈分到单层中，与声波时差、孔隙度、渗透率和脆性指数匹配到同一个单层上。

6.4.2.1 W油田的W15断块

图6.32至图6.36分别是W15断块采油强度与声波时差归一化、孔隙度、渗透率、脆性指数以及将实际施工压力转成单层的视采油强度之间的关系。其中，将声波时差归一化是为了更好地拟合关系，降低误差，W15断块声波时差最大值取280μs/m，最小值取220μs/m。从图上可以看出，当采油强度小于1t/（d·m）时，采油强度与声波时差归一化、孔隙度和渗透率都呈幂函数关系，采油强度与将实际施工压力转成单层的视采油强度之间呈线性关系；当采油强度大于1t/（d·m）时，采油强度与脆性指数和将实际施工压力转成单层的视采油强度之间呈线性关系；通过编写的多元拟合程序得到的公式如下。

当采油强度小于1t/（d·m）时：

$$q = （0.5630\Delta t_{\mathrm{g}}^{1.6231} + 107.6318\phi^{2.8766} + 1.0708K^{0.2407} - 0.6933）0.5519 + 0.2923qq_2 + 0.0029 \tag{6.34}$$

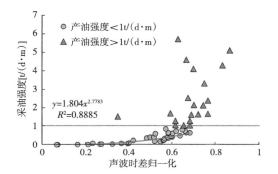

图6.32 W15断块采油强度与
声波时差归一化的关系

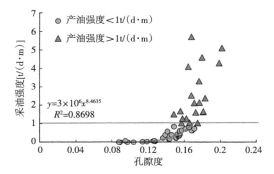

图6.33 W15断块采油强度
与孔隙度的关系

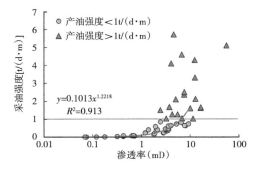

图6.34 W15断块采油强度与渗透率的关系

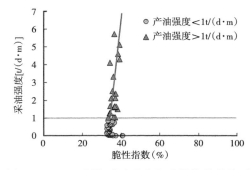

图6.35 W15断块采油强度与脆性指数的关系

当采油强度大于1t/（d·m）时：

$$q = （-4.9554 + 0.8390qq_2 + 0.1498B_{\mathrm{rit}}）×0.7044 + 0.3805 \tag{6.35}$$

式中　q——采油强度，t/（d·m）；

　　　ϕ——孔隙度；

　　　Δt_{g}——声波时差归一化数值；

　　　K——渗透率，mD；

B_{rit}——脆性指数，%；

qq_2——实际施工压力转换到单层中的视采油强度，t/（d·m）。

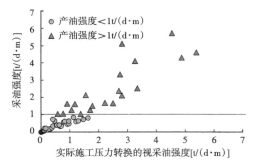

图 6.36　W15 断块采油强度与实际施工
压力转换的视采油强度的关系

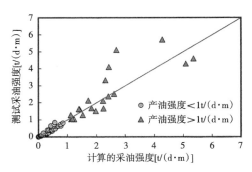

图 6.37　W15 断块测试采油强度
与计算采油强度的关系

图 6.37 是 W15 断块参与建模所使用的数据所对应的计算采油强度与测试采油强度之间的关系。从图上可以看出，当采油强度小于 3t/（d·m）以下时，计算值与测试值数值很接近，当采油强度大于 3t/（d·m）时，大部分数据点计算值偏小，说明当采油强度较大时，仍有其他因素影响着产能的大小。

图 6.38 是 W15 断块参与建模使用的数据所对应的计算日产油与投产日产油之间的关系。从图上可以看出，计算的日产油与实际投产日产油之间的误差大部分在 ±1.5t/d 以内，小部分在 ±3t/d 以内，说明此方法建立的产能定量评价模型有一定的可靠性和准确性。

6.4.2.2　F 油田

图 6.39 至图 6.43 分别是 F 油田采油强度与声波时差归一化、孔隙度、渗透率、将预计施工压力转成单层的视采油强度以及将实际施工压力转成单层的视采油强度之间的关系。其中，F 油田声波时差最大值取 260μs/m，最小值取 200μs/m。从图上可以看出，当采油强度小于 0.9t/（d·m）时，采油强度与声波时差归一化、孔隙度、渗透率呈幂函数关系，采油强度与将预计施工压力转成单层的视采油强度和将实际施工压力转成单层的视采油强度之间呈线性关系，当采油强度大于 0.9t/（d·m）时，采油强度与脆性指数和将实际施工压力转成单层的视采油强度之间呈线性关系。通过编写的多元拟合程序得到的公式如下：

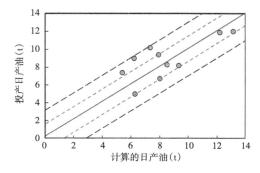

图 6.38　W15 断块投产的日产油
与计算的日产油的关系

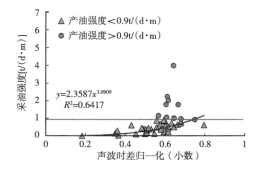

图 6.39　F 油田采油强度与声波时差
归一化的关系

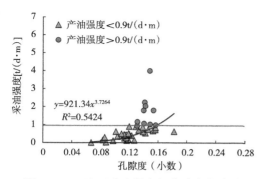

图 6.40　F 油田采油强度与孔隙度的关系

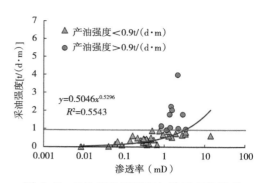

图 6.41　F 油田采油强度与渗透率的关系

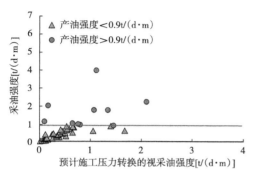

图 6.42　F 油田采油强度与预计施工压力
转换的视采油强度的关系

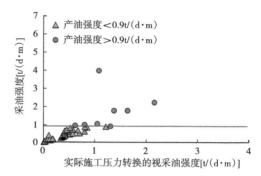

图 6.43　F 油田采油强度与实际施工压力
转换的视采油强度的关系

当采油强度小于 0.9t/（d·m）时：

（1）以预计施工压力为主的计算方法：

$$qqq = (0.4499\Delta t_g^{1.9340} - 16.0573\phi^{1.1085} + 5.9697K^{0.0538} -$$
$$3.9116)\ 0.5113 + 0.3999qq_3 + 0.0314 \tag{6.36}$$

$$q = 2.3377qqq - 0.5377 \tag{6.37}$$

（2）以实际施工压力为主的计算方法：

$$qqq = (0.4499\Delta t_g^{1.9340} - 16.0573\phi^{1.1085} + 5.9697K^{0.0538} - 3.9116) \times$$
$$0.6649 + 0.7386qq_2 + 0.1609 \tag{6.38}$$

$$q = 1.1qqq - 0.45 \tag{6.39}$$

当采油强度大于 0.9t/（d·m）时：

（1）以预计施工压力为主的计算方法：

$$q = 0.7449qq_3 + 0.5304 \tag{6.40}$$

（2）以实际施工压力为主的计算方法：

$$q = 0.8858qq_2 + 0.2654 \tag{6.41}$$

式中　qq_3——预计施工压力转换到单层中的视采油强度，t/（d·m）。

　　图 6.44 和图 6.45 分别是 F 油田参与建模所使用的数据所对应的以预计施工压力为主计算的采油强度和以实际施工压力为主计算的采油强度与测试采油强度之间的关系。从图上可以看出，以预计施工压力为主计算的采油强度与测试采油强度之间误差比较大，而以实际施工压力为主计算的采油强度与测试采油强度之间误差比较小，除了一个异常点以外，大部分数据两者比较接近。

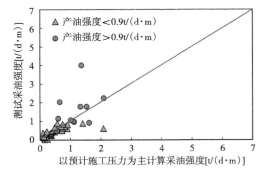

图 6.44　F 油田采油强度与以预计施工压力
为主计算的采油强度的关系

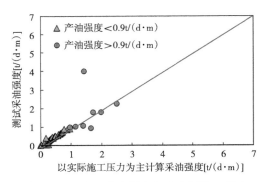

图 6.45　F 油田采油强度与以实际施工压力
为主计算的采油强度的关系

　　图 6.46 和图 6.47 分别是参与建模使用的数据所对应的以预计施工压力为主计算的日产油和以实际施工压力为主计算的日产油与投产日产油之间的关系。从图上可以看出，以预计施工压力为主计算的日产油与实际投产日产油之间的误差大部分在 ±3t/d 以内，而以实际施工压力为主计算的日产油与实际投产日产油之间的误差大部分在 ±1.5t/d 以内，说明施工压力数值的准确性对于提高产能定量评价精度有很大的影响，因此在工程设计中应当给出与实际地层的情况更为相符的参数来，以便于提高储层压裂改造后的产能定量预测结果的可靠性和准确性，对于测井和工程来说，这也是相辅相成的关系。

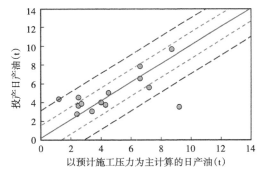

图 6.46　F 油田投产日产油与以预计施工
压力为主计算的日产油的关系

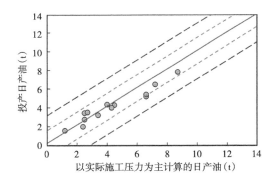

图 6.47　F 油田投产日产油与以实际施工
压力为主计算的日产油的关系

7 压裂改造储层产能预测方法的
适用性及应用效果评价

适用性研究主要针对所建立的评价方法开展相应的适用条件研究。根据第 6 章的内容，建立的定性和定量的评价方法是基于开发初期测井完成后就直接投产压裂的基础上开展的，对于开发中期一些生产的油井再调层生产其他层的时候，以及推广到周边临近断块的时候，其结果是否也能适用，这些都需要进一步论证，因此本章就这些问题开展了具体的研究。

7.1 开发中期压裂改造储层产能预测方法适用性分析

以 W 油田 W15 断块的 W15-4 井、W15-6 井、W15-12 井和 W15-17 井四口井来具体说明，四口井在构造图上的位置如图 7.1 所示。另外，这些井的解释结论都已经利用第 5章的解释图版重新判别过，在这里就不再提及了。

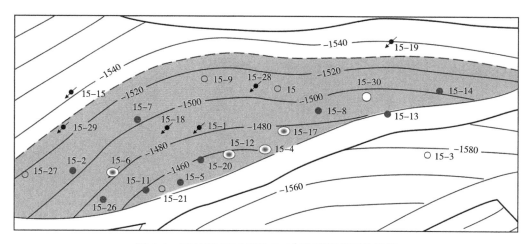

图 7.1 W 油田 W15 断块 $E_1f_2{}^3$ 砂层组顶面构造图

7.1.1 W15-4 井

2003 年 10 月射开 W15-4 井的 14 号至 17 号层，直接投产，初期日产油为 6.3t，不含水，2009 年 8 月补 2 号至 4 号层、6 号层、7 号层和 9 号层压裂，与原 14 号至 17 号层合采，压裂前日产液 3t，日产油 2.2t，含水 26.9%，压裂后日产液 6t，日产油 4.5t，含水 24.3%。

从 W15-4 井的开发历程上可以看出，2009 年进行了一次调层，调层后根据产量可推出 2 号至 4 号层、6 号层、7 号层和 9 号层压裂后贡献的日产油 2.3t，日产液 3t。由第 5 章可知 W 油田压裂后裂缝高度在 24~34m，压裂 2 号至 4 号层、6 号层、7 号层和 9 号层的同时，有可能 1 号至 11 号层都被压开。图 7.2 是 W15-4 井处理的孔隙度、渗透率以及压裂层段的有效厚度等参数，具体参数和处理结果见表7.1。其中，表中的层段都是对出油有贡献的，比例系数指地层产量的劈分系数。

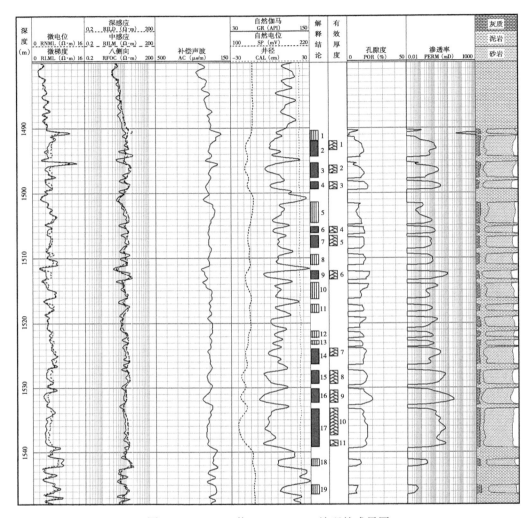

图 7.2　W15-4 井 1480~1548m 处理的成果图

表 7.1　W15-4 井压裂层段处理结果

解释 层号	砂层 组	深感应 电阻率 （$\Omega \cdot m$）	声波 时差 （$\mu s/m$）	自然 伽马 （API）	厚度 （m）	孔隙度 （%）	渗透率 （mD）	比例 系数	脆性 指数 （%）
2	$E_1f_1^1$	11.8	248	70	1.375	14.1	1.551	0.01	33.8
3	$E_1f_1^1$	17.7	246	63	1.25	13.9	1.371	0.01	34.2
4	$E_1f_1^1$	14.1	267	69	1.1	18.4	19.854	0.18	37.2
6	$E_1f_1^1$	14	253	74	1	15.1	2.834	0.02	34.2
7	$E_1f_1^1$	14.4	254	82	1.6	14.9	2.576	0.03	33.5
9	$E_1f_1^1$	17.2	273	60	1.25	20.1	53.535	0.74	38.8

7.1.2 W15-6 井

2003 年 12 月射开 W15-6 井的 9 号层和 10 号层压裂投产，初期日产液 9.8t，日产油 9.4t，含水 4.4%，2008 年 1 月补开 1 号层、2 号层、4 号层和 5 号层，调层卡原层 9 号层和 10 号层，调层前日产液 11.1t，日产油 2.1t，含水 80.9%，调层后日产液 2.5t，日产油 1.7t，含水 30.9%，2008 年 2 月压裂 1 号层、2 号层、4 号层和 5 号层，压裂前日产液 2.5t，日产油 1.7t，含水 30.9%，压裂后日产液 8.7t，日产油 6.4t，含水 26.5%。

从 W15-6 井的开发历程上可以看出，2008 年调层后根据产量可推出 1 号层、2 号层、4 号层和 5 号层压裂后贡献的日产油 4.7t，日产液 6.2t。考虑压裂后裂缝高度的影响，压裂 1 号层、2 号层、4 号层和 5 号层的同时，有可能 1 号至 7 号层都被压开。图 7.3 是 W15-6 井处理的孔隙度、渗透率以及压裂层段的有效厚度等参数，具体参数和处理结果见表 7.2。

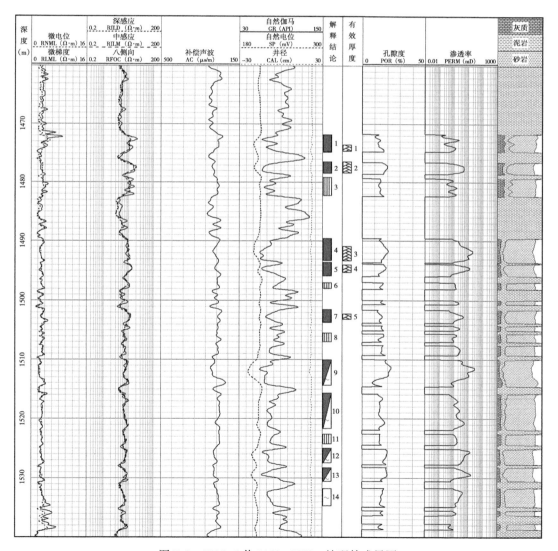

图 7.3　W15-6 井 1460~1540m 处理的成果图

表 7.2　W15-6 井压裂层段处理结果

解释层号	砂层组	深感应电阻率（Ω·m）	声波时差（μs/m）	自然伽马（API）	厚度（m）	孔隙度（%）	渗透率（mD）	比例系数	脆性指数（%）
1	$E_1f_2{}^3$	10.7	245	68	1.1	14.3	2.029	0.01	35.4
2	$E_1f_2{}^3$	19.7	272	66	2	20.0	13.207	0.44	39.0
4	$E_1f_1{}^1$	9.9	266	60	2.4	18.6	22.844	0.43	38.0
5	$E_1f_1{}^1$	13.8	258	62	1.4	16.8	7.726	0.11	36.4
7	$E_1f_1{}^1$	12.8	245.3	68.3	0.9	13.6	1.196	0.01	34.0

7.1.3　W15-12 井

2006 年 8 月射开 W15-12 井的 22 号层和 23 号层压裂，压裂初期日产油 10.2t，不含水，2011 年 3 月补开 13 号至 16 号层酸化合采，措施前日产液 4t，日产油 1.4t，含水 64.6%，措施后日产液 9.2t，日产油 2t，含水 77.9%，2012 年 5 月封层，压裂 4 号层，压裂前日产液 6t，日产油 1.1t，含水 80.9%，压裂后日产液 9.3t，日产油 4.3t，含水 53.7%。

从 W15-12 井的开发历程上可以看出，2012 年调层后根据产量可推出 4 号层压裂后贡献的日产油 4.3t，日产液 9.3t。考虑压裂后裂缝高度的影响，压裂 4 号层的同时，有可能 1 号至 6 号层都被压开。图 7.4 是 W15-12 井处理的孔隙度、渗透率以及压裂层段的有效厚度等

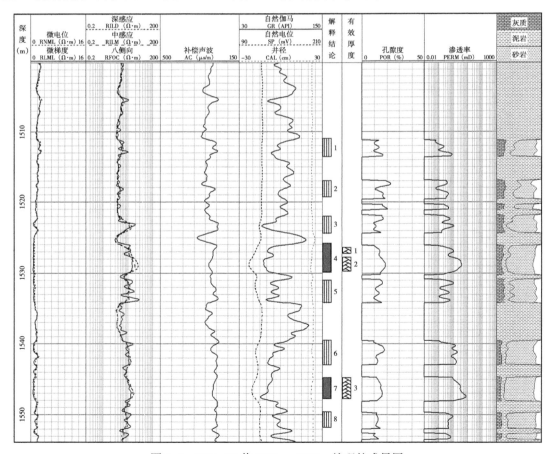

图 7.4　W15-12 井 1500m~1554m 处理的成果图

参数,具体参数和处理结果见表7.3。

表 7.3 W15-12 井压裂层段处理结果

解释层号	砂层组	深感应电阻率(Ω·m)	声波时差(μs/m)	自然伽马(API)	厚度(m)	孔隙度(%)	渗透率(mD)	比例系数	脆性指数(%)
4	$E_1f_2^3$	11.7	264	71	0.875	18.4	7.882	0.04	38.2
4	$E_1f_2^3$	26.5	283	66	2	22.8	32.513	0.96	40.6

7.1.4   W15-17 井

2007 年 5 月射开 W15-17 井的 19 号至 23 号层,试油日产油 3.6t,不含水,2007 年 11 月压裂 19 号至 23 号层,初期日产液 8.5t,日产油 8.2t,含水 3.1%,2014 年 1 月补 1 号至 5 号层压裂后,合采 1 号至 5 号层和 19 号至 23 号层,措施前日产液 8.3t,日产油 1.1t,含水 87%,措施后日产液 8.6t,日产油 3t,含水 64.8%。

从 W15-17 井的开发历程上可以看出,2014 年调层后根据产量可推出 1 号至 5 号层压裂以后贡献的日产油 1.9t。考虑压裂后裂缝高度的影响,压裂 1 号至 5 号层的同时,有可能 1 号至 8 号层都被压开。图 7.5 是 W15-17 井处理的孔隙度、渗透率以及压裂层段的有效厚度等参数,具体参数和处理结果见表 7.4。

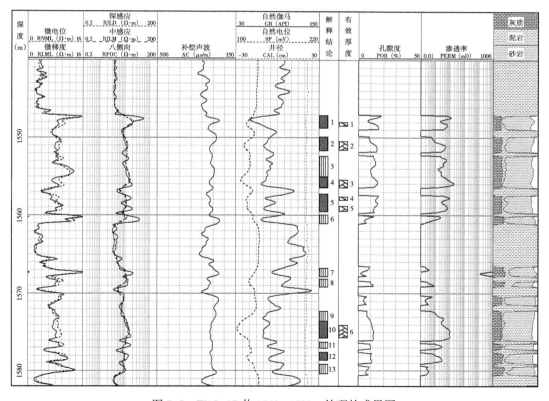

图 7.5   W15-17 井 1540~1582m 处理的成果图

表 7.4　W15-17 井压裂层段处理结果

解释层号	砂层组	深感应电阻率（Ω·m）	声波时差（μs/m）	自然伽马（API）	厚度（m）	孔隙度（%）	渗透率（mD）	比例系数	脆性指数（%）
1	$E_1f_2^3$	18.6	255	61	0.5	15.2	2.878	0.09	33.8
2	$E_1f_2^3$	13.2	265	70	1.1	17.0	5.842	0.33	34.7
4	$E_1f_2^3$	16.3	266	66	1	17.4	6.855	0.44	35.3
5	$E_1f_2^3$	11.4	261	73	0.5	15.9	4.411	0.09	33.4
5	$E_1f_2^3$	10.1	252	70	0.7	14.3	2.323	0.05	32.8

表 7.5 为 W 地区 W15 断块四口井产能分级判断和产能定量评价处理结果。利用 6.3 节的采油强度分级判别的函数可以判别出这四口井压裂层段哪些是Ⅰ类，哪些是Ⅱ类，综合表 7.1 至表 7.4 中的产量劈分系数可以得出压裂层段每层的采油强度。经分析，一共是 18 个层，其中 13 个层产能分级判断符合，5 个层产能分级判断不符合，符合率在 72.2%。

表 7.5　W 地区 W15 断块四口井产能分级和定量评价处理结果

井号	解释层号	砂层组	施工压力（MPa）	采油强度分类1	采油强度分类2	采油强度分类判别	采油强度分类符合	产油强度[t/(d·m)]	计算产油强度[t/(d·m)]	计算的日产油（t）	实际日产油（t）
W15-4 井	2	$E_1f_1^1$	24	404	399	Ⅰ	√	0.02	0.16	5.0	2.3
	3	$E_1f_1^1$		405	401	Ⅰ	√	0.02	0.15		
	4	$E_1f_1^1$		471	472	Ⅱ	×	0.38	1.13		
	6	$E_1f_1^1$		424	420	Ⅰ	√	0.04	0.26		
	7	$E_1f_1^1$		412	408	Ⅰ	√	0.04	0.25		
	9	$E_1f_1^1$		397	403	Ⅱ	√	1.37	2.15		
W15-6 井	1	$E_1f_2^3$	24	427	423	Ⅰ	√	0.06	0.19	6.9	4.7
	2	$E_1f_2^3$		546	550	Ⅱ	√	1.04	1.45		
	4	$E_1f_1^1$		476	478	Ⅱ	×	0.84	1.26		
	5	$E_1f_1^1$		470	469	Ⅰ	√	0.36	0.46		
	7	$E_1f_1^1$		400	395	Ⅰ	√	0.04	0.13		
W15-12 井	4	$E_1f_2^3$	25	530	531	Ⅱ	×	0.10	1.00	4.5	4.3
	4	$E_1f_2^3$		551	557	Ⅱ		1.11	1.80		
W15-17 井	1	$E_1f_2^3$	25	414	411	Ⅰ	√	0.34	0.40	3.2	1.9
	2	$E_1f_2^3$		452	453	Ⅱ	×	0.56	1.07		
	4	$E_1f_2^3$		458	459	Ⅱ	×	0.84	1.38		
	5	$E_1f_2^3$		419	416	Ⅰ	√	0.35	0.52		
	5	$E_1f_2^3$		388	384	Ⅰ	√	0.14	0.24		

图 7.6 是四口井利用实际施工压力为主计算的采油强度和产量劈分后的采油强度的比较，从图上可以看出，整体上计算的采油强度要大于产量劈分后的采油强度，在采油强度小于 1t/（d·m）的时候，这种误差很小，在采油强度大于 1t/（d.m）的时候，误差较大，误差在 0.5t/（d·m）左右，最终影响计算出的日产油的精度。从图 7.7 四口井计算的日

产油和生产日产油的比较来看，以实际施工压力为主计算的日产油与实际生产日产油之间的绝对误差大部分在 1.5t/d 以内，误差很大，说明本书建立的产能定量评价方法不适用开发中期调层后的产能预测。

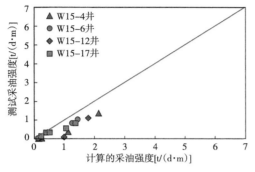
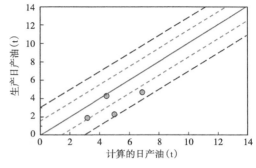

图 7.6　四口井计算的采油强度和测试值比较　　图 7.7　四口井计算的日产油和生产值比较

分析不适用的原因主要有两点：（1）受注水开发的影响，开发中期调层层段中的部分可动油可能已被驱替走了，造成预测结果和实际结果有偏差；（2）在产能分级判别中主要依托测井曲线的响应特征来区分，而测井曲线是一个相对静态的描述结果，只是当时测井时间所反映的地层信息，当描述的井开发了几年时间再调层生产，原有储层中的岩性、流体特征、物性以及孔隙结构等参数可能都会发生变化，这种变化也会造成预测结果和实际结果有偏差。

综合以上的分析，笔者认为：如果开发中期调层后计算的储层采油强度整体大于实际采油强度，并且存在一定的关系，那么就可以在产能模型上整体乘以一个校正系数，可能预测结果就能适合开发中期调层的产能预测。

7.2　周边临近断块压裂改造储层产能预测方法适用性分析

W9 断块、W11 断块和 W15 断块都属于 W 油田，其中 W15 断块储层以压裂改造为主，而 W9 断块和 W11 断块以自然产能为主，压裂层段较少，需要压裂的层段都属于非主力层段，动用程度低，基本上保留地层原始状态，因此可以用 W15 断块的产能评价方法推广到 W9 断块和 W11 断块的压裂层段的产能预测中，用来评价其方法推广到周边断块的适用性。目前，W9 断块有 W9 井和 W9-9 井两口井进行过压裂，W11 断块只有 W11-2 井一口井进行过压裂。

7.2.1　W9 井

2000 年 9 月射开 W9 井的 6 号层、7 号层、9 号层、12 号层和 13 号层压裂投产，日产液 14.7t，日产油 14.1t，含水 4.1%。考虑压裂后裂缝高度的影响，有可能 5 号至 15 号层都被压开。图 7.8 是 W9 井处理的孔隙度、渗透率以及压裂层段的有效厚度等参数，具体参数和处理结果见表 7.6。

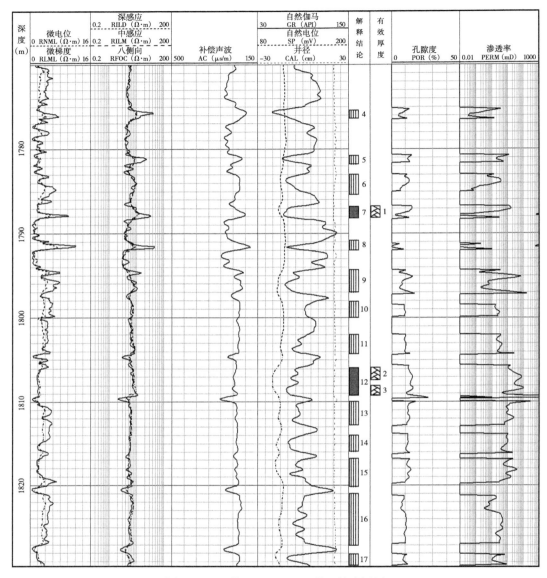

图 7.8　W9 井 1770~1830m 处理的成果图

表 7.6　W9 井压裂层段处理结果

解释层号	砂层组	深感应电阻率（Ω·m）	声波时差（μs/m）	自然伽马（API）	厚度（m）	孔隙度（%）	渗透率（mD）	比例系数	脆性指数（%）
7	$E_1f_2{}^3$	7.5	244	74	0.6	15.4	22.498	0.06	38.4
12	$E_1f_1{}^1$	7.8	250	73	0.6	16.3	155.748	0.42	38.1
12	$E_1f_1{}^1$	9.8	247	68	1.25	15.2	80.144	0.53	36.7

7.2.2 W9-9井

2001年9月27日射开W9-9井的6号层，试油日产油2.66t，不含水，2001年9月30日，压裂6号层，日产液14.9t，日产油14t，含水6.3%。考虑压裂后裂缝高度的影响，有可能3号至7号层都被压开。图7.9是W9-9井处理的孔隙度、渗透率以及压裂层段的有效厚度等参数，具体参数和处理结果见表7.7。

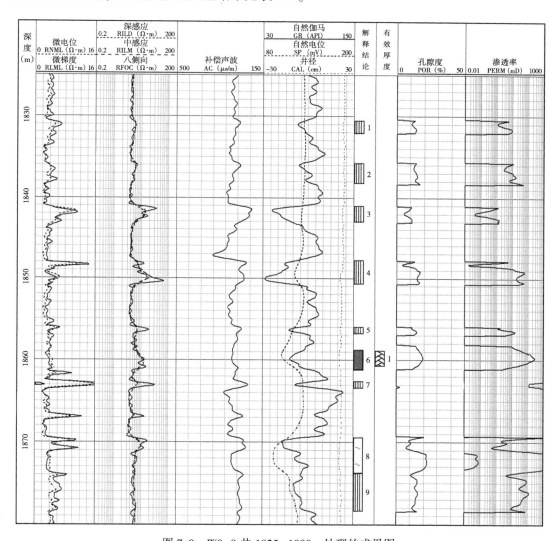

图7.9   W9-9井1825~1880m处理的成果图

表7.7   W9-9井压裂层段处理结果

解释层号	砂层组	深感应电阻率（Ω·m）	声波时差（μs/m）	自然伽马（API）	厚度（m）	孔隙度（%）	渗透率（mD）	比例系数	脆性指数（%）
6	$E_1f_2^3$	11.2	272	66	1.9	19.2	247.355	1.00	37.4

7.2.3　W11-2井

2001年4月射开W11-2井的5号至7号层，初期日产油8.7t，不含水，2002.6月补开9号层和10号层合采，2002年7月填砂堵9号层和10号层，单独压裂5号至7号层，措施前日产液3.3t，日产油3.1t，含水6.7%，措施后日产液7.8t，日产油7.4t，含水5.1%。

从W11-2井的开发历程上可以看出，2002年调层后根据产量可推出5号至7号层压裂以后贡献的日产油4.3t。考虑压裂后裂缝高度的影响，有可能3号至8号层都被压开。图7.10是W11-2井处理的孔隙度、渗透率以及压裂层段的有效厚度等参数，具体参数和处理结果见表7.8。

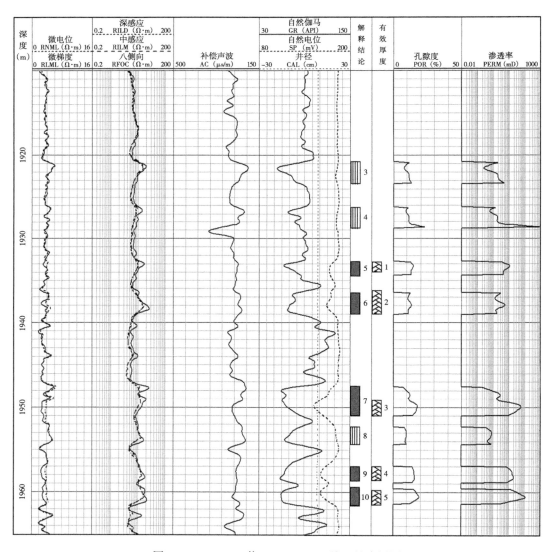

图7.10　W11-2井1910～1965m处理的成果图

表7.8　W11−2 井压裂层段处理结果

解释层号	砂层组	深感应电阻率（Ω·m）	声波时差（μs/m）	自然伽马（API）	厚度（m）	孔隙度（%）	渗透率（mD）	比例系数	脆性指数（%）
5	$E_1f_2{}^3$	9.8	239	69	1.25	14.2	8.545	0.05	37.8
6	$E_1f_2{}^3$	14.6	229	71	2.75	12.5	3.273	0.05	39.1
7	$E_1f_1{}^1$	10	258	65.7	2.375	18.0	63.872	0.90	39.2

表7.9 为 W 油田 W9 断块和 W11 断块三口井产能分级判断和产能定量评价处理结果。利用 6.3 节 W15 断块采油强度分级判别的函数可以判别出这三口井压裂层段哪些是Ⅰ类，哪些是Ⅱ类，综合表7.6 至表7.8 中的产量劈分系数可以得出压裂层段每层的采油强度。经分析，所有层产能分级判断都符合，符合率为 100%。

表7.9　W9 断块和 W11 断块三口井产能分级和定量评价处理结果

井号	解释层号	砂层组	施工压力（MPa）	采油强度分类 1	采油强度分类 2	采油强度分类判别	采油强度分类符合	产油强度 [t/(d·m)]	计算产油强度 [t/(d·m)]	计算的日产油（t）	生产的日产油（t）
W9 井	7	$E_1f_2{}^3$	39	408	409	Ⅱ	√	1.29	1.67	12.7	14.1
	12	$E_1f_1{}^1$		−134	−118	Ⅱ	√	9.83	8.55		
	12	$E_1f_1{}^1$		127	135	Ⅱ	√	5.94	5.26		
W9−9 井	6	$E_1f_2{}^3$	45	−352	−336	Ⅱ	√	7.37	6.89	13.1	14
W11−2 井	5	$E_1f_2{}^3$	24	439	436	Ⅰ	√	0.17	0.47	5.3	4.3
	6	$E_1f_2{}^3$		450	447	Ⅰ	√	0.08	0.29		
	7	$E_1f_2{}^1$		337	340	Ⅱ	√	1.62	1.64		

图7.11 是三口井利用实际施工压力为主计算的采油强度和产量劈分后的采油强度的比较，从图上可以看出，两者绝对误差在 ±1t/(d·m)。图7.12 是三口井计算的日产油和生产日产油的比较，以实际施工压力为主计算的日产油与实际生产日产油之间的误差大部分在 ±1.5t/d 以内，误差较小，说明本书建立的产能分级判别和定量评价方法适用于临近区块压裂层段的产能预测。

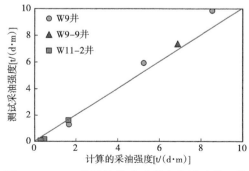

图7.11　三口井计算的采油强度和测试值比较

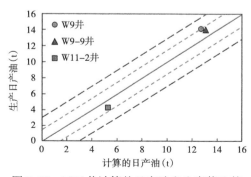

图7.12　三口井计算的日产油和生产值比较

另外，值得注意的是，这三口井基本上都是开发初期进行压裂的，需要压裂的层段都属于非主力层段，动用程度低，所以此方法能够适用。如果这三口是开发中期调层后的井，依据 7.1 节的研究结果，此方法就不适用。作者认为，开发中期油藏动态的变化直接影响着产能评价结果，但是也存在例外，假设当一个地区物性特别差，储层连通性较差，地层能量相对充足，只要满足这三个条件，就可以认为这个油藏相当于开发初期的时候，那么本书建立的产能分级和定量评价的方法是可以适用的。

7.3 老区挖潜和新井跟踪解释产能预测效果评价

利用本书建立的产能评价方法，应用到研究地区及邻近区块进行老井挖潜和新井跟踪评价，确定在 F 油田中可以重新调层 4 口井进行挖潜，分别是 F4-2 井、F4-4 井、F4-6 井和 F4-17 井，四口井在构造图上的位置如图 7.13 所示。另外，对 W 油田 W2 断块侧 W2-103 井进行了新井跟踪解释，也提出了优选层进行压裂的建议。

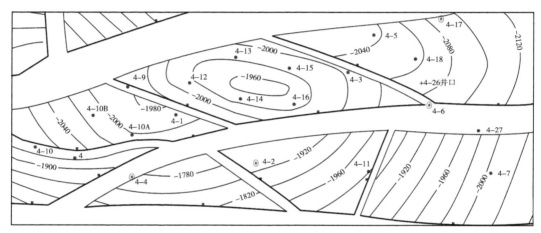

图 7.13　F 油田 E_1f_1 段顶面构造图

7.3.1　老井挖潜

7.3.1.1　F4-2 井

2009 年 11 月压裂投产 F4-2 井的 30 号层和 31 号层，初期日产液 13.2t，日产油 2.5t，含水 81.1%。2010 年 2 月上返调层并压裂 7 号层和 16 号层单独生产，调层前日产液 4.5t，日产油 0.7t，含水 84.4%，调层后日产液 5.7t，日产油 3.0t，含水 47.4%。2010 年 10 月补开 2 号层和 3 号层合采，补层前日产液 1.4t，日产油 0.8t，含水 42.8%，补层后日产液 0.9t，日产油 0.5t，含水 44.4%。至 2010 年 12 月，日产液 3.5t，日产油 0.5t，含水 85.7%，之后不出液停。2015 年 4 月改活动捞油，3~4 天捞一次，日产液 0.9t，日产油 0.2t，含水 77.8%。

从开发历程上可以看出，到 2015 年 4 月以后，F4-2 井的 2 号层和 3 号层贡献出油都很低，日产油只有不到 0.5t，但是从 2 号层和 3 号层的测井响应特征上来看，形态很饱满，声波时差和深感应电阻率都很好（图 7.14）。其中，2 号层声波时差在 278μs/m 左右，深感应电阻率在 14.8Ω·m 左右，自然伽马值在 50API 左右，有效厚度为 2m，3 号层声波时差在 248μs/m 左右，深感应电阻率在 22.6Ω·m 左右，自然伽马值在 63API 左右，有效厚度为 4.4m。对应流体解释图版,如果对 2 号层和 3 号层进行压裂改造,日产油量会提高,因此提出了对 2 号层和 3 号层进行压裂改造的建议。

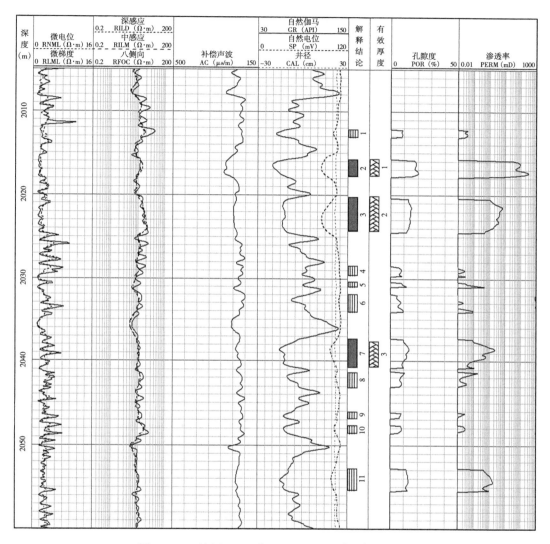

图 7.14　F 油田 F4-2 井 2005~2060m 处理的成果图

7.3.1.2　F4-4 井

2010 年 4 月投产 F4-4 井的 18 号层,初期日产液 2.5t,日产油 2.5t,不含水,至 2010 年 9 月日产液 1.5t,日产油 1.5t,不含水。2010 年 10 月补开 12 号层与 18 号层合采,日产液 1.2t,日产油 1.2t,不含水。2012 年 7 月分层压裂 12 号层和 18 号层,压裂前日产液 0.5t,日产油 0.5t,不含水,压裂后日产液 10.3t,日产油 2.9t,含水 71.8%。至 2017 年 6 月日产液 0.4t,日产油 0.1t,含水 72.6%。

通过对 F4-4 井的测井二次解释和开发历程上可以发现,4 号层可以挖潜。图 7.15 是 F 油田 F4-4 井 1830~1880m 处理的成果图。其中,4 号层可分为两段,上段声波时差在 251μs/m 左右,深感应电阻率在 16.5Ω·m 左右,自然伽马值在 55API 左右,有效厚度为

1.5m，下段声波时差在 $250\mu s/m$ 左右，深感应电阻率在 $13.5\Omega\cdot m$ 左右，自然伽马值在 57API 左右，有效厚度为 4.2m。对应流体解释图版，建议补开 4 号层进行压裂改造。

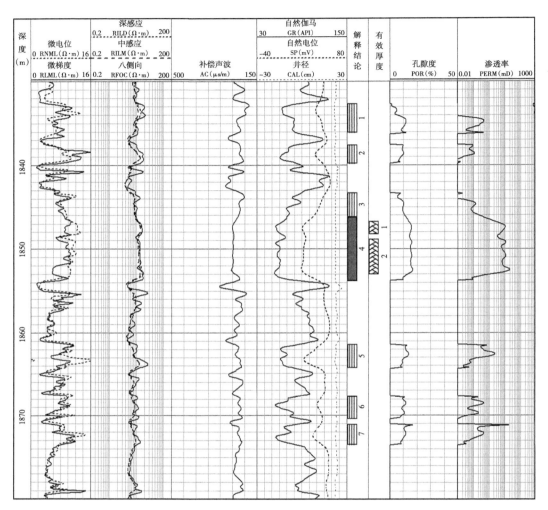

图 7.15　F 油田 F4-4 井 1830~1880m 处理的成果图

7.3.1.3　F4-6 井

2010 年 7 月压裂投产 F4-6 井的 31 号层，初期日产液 7.8t，日产油 4.0t，含水 48.7%。2010 年 11 月补开并酸化 19 号层与 31 号层合采，补层前日产液 2.0t，日产油 0.9t，含水 55.0%，补层后初期日产液 2.2t，日产油 0.2t，含水 90.9%。2012 年 10 月日产液 1.3t，日产油 0.6t，之后改为间抽生产。2015 年 11 月由于产量低改捞油生产，捞油制度为 5 天捞一次，日产液 3.6t，日产油 0.5t。2017 年 4 月复合弹补开 7 号层和 11 号层合采，初期日产液 1.9t，日产油 1.3t，含水 6%，2017 年 10 月间抽 8h/d，日产液 1.1t，日产油 0.5t，含水 54.5%。

通过对 F 油田测井响应特征相对较好储层的认识，认为从形态上较好的储层往往自然产能低，压裂改造后产能会变高。图 7.16 是 F 油田 F4-6 井 2000~2160m 处理的成果图。从图上可以看出，7 号层声波时差在 $256\mu s/m$ 左右，深感应电阻率在 $10.7\Omega\cdot m$ 左右，自然伽马值在 57API 左右，有效厚度为 3m，11 号层声波时差在 $246\mu s/m$ 左右，深感应电阻

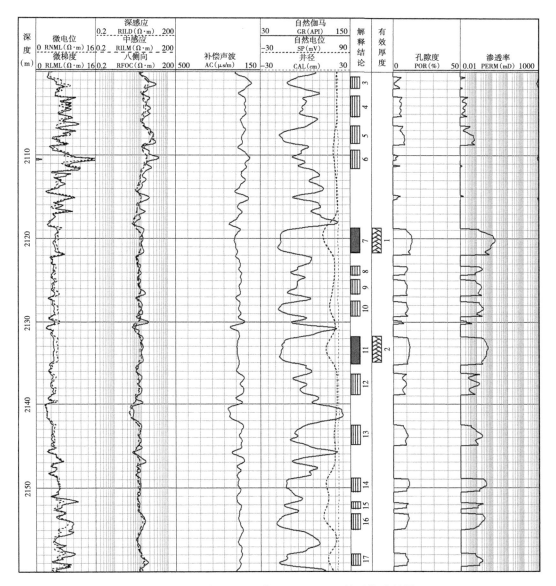

图 7.16　F 油田 F4-6 井 2000~2160m 处理的成果图

率在 10.7Ω·m 左右，自然伽马值在 57API 左右，有效厚度为 3m，对应流体解释图版，建议对 7 号层和 11 号层进行压裂改造。

7.3.1.4　F4-17 井

2010 年 9 月压裂投产 F4-17 井的 23 号至 25 号层，初期日产液 5.3t，日产油 4.5t，含水 15.1%，至 2016 年 4 月酸洗前日产液 1.3t，日产油 1.1t，含水 15.4%，酸洗后日产液 1.4t，日产油 1.2t，含水 14.3%，2017 年 6 月日产液 1.0t，日产油 0.3t，含水 10.0%。

通过对 F4-4 井的测井二次解释认为，8 号层可以挖潜。图 7.17 是 F 油田 F4-17 井 2120~2184m 处理的成果图。从图上可以看出，8 号层声波时差在 262μs/m 左右，深感应电阻率在 10Ω·m 左右，自然伽马值在 48API 左右，有效厚度为 1.5m。建议补开 8 号层进行压裂改造。

　　根据此次研究提供的老井复查结果和建议，2017 年 7 月 20 日对 F4-2 井的 2 号层和 3 号层进行了压裂，日产油 3.36t，日产水 0.97m³。2017 年 7 月 19 日对 F4-4 井补开并压裂 4 号层，压裂后冲砂合采 4 号层、12 号层和 18 号层，日产油 0.09t，日产水 1.71m³。2017 年 11 月 20 日对 F4-6 井 7 号层和 11 号层进行了压裂，压裂后冲砂合采 7 号层、11 号层、19 号层和 31 号层，日产油 2.42t，日产水 1.47m³。2017 年 7 月 9 日对 F4-17 井补开并压裂 7 号至 9 号层，与 23 号至 25 号层合采，日产油 1.82t，日产水 0.18m³。

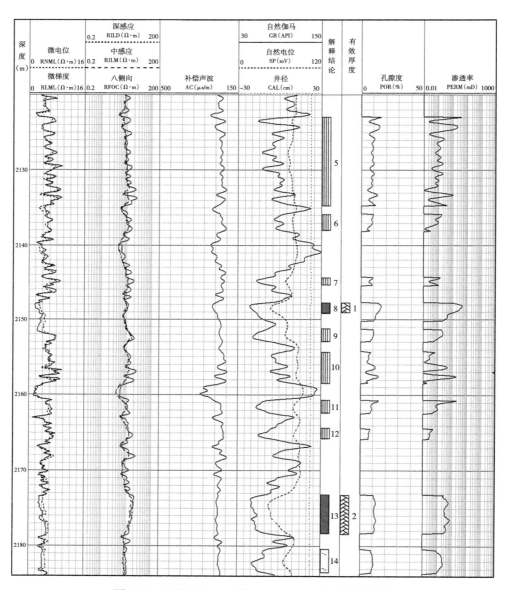

图 7.17　F 油田 F4-17 井 2120~2184m 处理的成果图

　　表 7.10 是以实际施工压力为主的产能分级判别和定量评价处理结果，其中的参数是利用表 6.11 的采油强度分级判别函数和式（6.42）、式（6.43）和式（6.45）来求取的，生产

的日产油量有部分结果是根据多层合试结果折算的。从表7.10中可以看出，四口井8个层只有1个层的采油强度分级判别是不符合的，其他7个层符合，符合率为87.5%。图7.18是四口井利用实际施工压力为主计算的采油强度和产量劈分后的采油强度的比较。从图上可以看出，两者绝对误差大部分在0.5t/（d·m）以下。图7.19是四口井计算的日产油和生产日产油的比较，反映出以实际施工压力为主计算的日产油与实际生产日产油之间的绝对误差大部分小于2t/d，F4-2井、F4-4井和F4-6井实际生产日产油较低与计算值差异大，可能与开发时间长，油已发生动态变化有关。通过上述说明，油藏动态的变化，会给产能评价带来了一定的影响，最终达不到预期的效果。

表 7.10　F油田四口井产能分级和定量评价处理结果（以实际施工压力为主）

井号	解释层号	砂层组	实际施工压力（MPa）	采油强度分类1	采油强度分类2	采油强度分类判别	采油强度分类符合	产油强度[t/（d·m）]	计算产油强度[t/（d·m）]	计算的日产油（t）	生产的日产油（t）
F4-2井	2	$E_1f_1^1$	28	-376	-354	Ⅱ	√	1.63	1.57	4.49	3.36
	3	$E_1f_1^1$		33	24	Ⅰ	√	0.02	0.31		
F4-4井	4	$E_1f_1^1$	22	33	24	Ⅰ	√	0.005	0.41	6.21	0.09
	4	$E_1f_1^1$		33	24	Ⅰ	√	0.003	0.38		
	12	$E_1f_1^1$		21	12	Ⅰ	√	0.012	0.73		
F4-6井	7	$E_1f_1^1$	25	28	22	Ⅰ	√	0.52	0.89	3.75	1.92
	11	$E_1f_1^1$		33	24	Ⅰ	√	0.11	0.33		
F4-17井	8	$E_1f_1^1$	28	9	5	Ⅰ	×	1.00	0.89	1.34	1.5

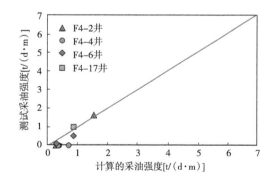

图 7.18　四口井计算的采油强度和测试值比较（以实际施工压力为主）

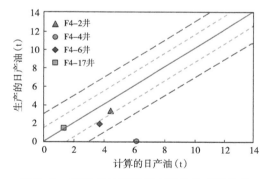

图 7.19　四口井计算的日产油和生产值比较（以实际施工压力为主）

7.3.2　新井跟踪评价

W油田W2断块CW2-103井是2018年12月完钻的新井，图7.20是CW2-103井1580~1645m处理的成果图。从图上可以看出，5号层下部和6号层含油性相对较好，7号层略差，通过邻近注水井分析，7号层可能水淹，而11号层是明显水层。其中，5号层下部声波时差在240μs/m左右，深感应电阻率在11.7Ω·m左右，自然伽马值在65API左

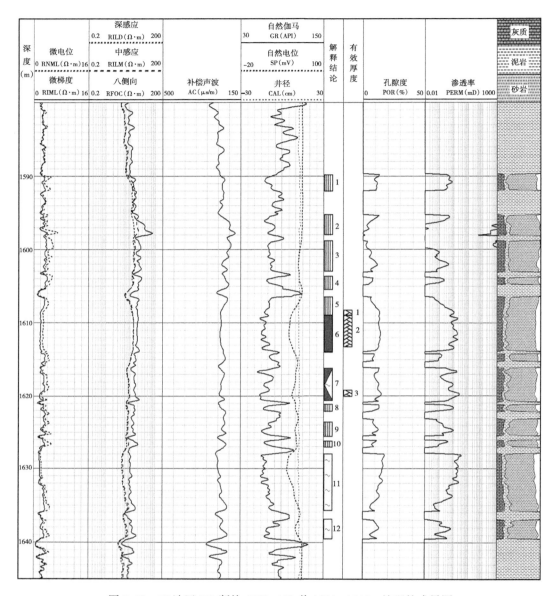

图 7.20 W 油田 W2 断块 CW2-103 井 1580~1645m 处理的成果图

右,有效厚度为 0.7m。6 号层声波时差在 241μs/m 左右,深感应电阻率在 13.6Ω·m 左右,自然伽马值在 61API 左右,有效厚度为 4.3m。7 号层声波时差在 242μs/m 左右,深感应电阻率在 9.2Ω·m 左右,自然伽马值在 60API 左右,有效厚度为 0.9m。基于此,参考 W15 断块的流体解释图版,建议对 6 号层进行压裂改造,在压裂过程中,5 号至 7 号层都会被压开。

根据此次研究提供的优选层建议和产能预测结果,2019 年 1 月压裂 CW2-103 井的 1 号至 4 号层,日产液 3t,日产油 2.2t,含水 27.1%。

表 7.11 是以实际施工压力为主的产能分级判别和定量评价处理结果,其中的参数都是

利用 W15 断块的计算方法求取的。从表中可以看出，CW2-103 井 3 个层的采油强度分级判别都是符合的，符合率为 100%。图 7.21 是 CW2-103 井利用实际施工压力为主计算的采油强度和产量劈分后的采油强度的比较。从图上可以看出，两者绝对误差很小，分布在 45° 对角线上。图 7.22 是 CW2-103 井计算的日产油和生产日产油的比较，两者绝对误差不到 0.5 t/d。说明 W15 断块的产能评价方法可以满足 W2 断块的实际产能预测需要。

表 7.11 CW2-103 井产能分级和定量评价处理结果

解释层号	砂层组	实际施工压力（MPa）	采油强度分类 1	采油强度分类 2	采油强度分类判别	采油强度分类符合	产油强度 [t/(d·m)]	计算产油强度 [t/(d·m)]	计算的日产油（t）	生产的日产油（t）
5	$E_1f_1^1$		386	382	I	√	0.26	0.20		
6	$E_1f_1^1$	25	389	386	I	√	0.40	0.32	1.8	2.2
7	$E_1f_1^1$		395	391	I	√	0.31	0.28		

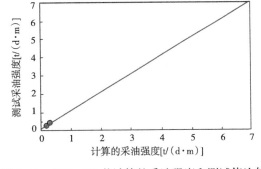

图 7.21 CW2-103 井计算的采油强度和测试值比较

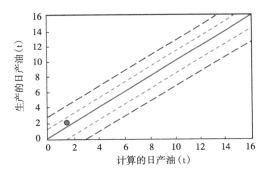

图 7.22 CW2-103 井计算的日产油和生产值比较

8　总结与展望

虽然利用以测井技术为主的评价方法在储层压裂改造后的产能预测方面已经取得了很大进步，初步形成了相应的定性和定量的评价方法，但是由于测井资料所反映地层信息的局限性，对于油藏动态变化的情况难以反映，使得现有的方法、技术手段仍存在一定的局限性，这方面的研究仍存在尚待进一步解决的技术难题。因此储层压裂改造后的产能预测研究不是单个学科就能完全解决的科学问题，而必须加强理论研究，多学科相互结合，共同探讨和解决。

从目前研究过程中发现技术手段的不足之处和局限性来看，应着重在三个方面进一步完善和改进。

（1）饱和度评价的深化研究。

对于低渗透储层来说，饱和度不但是储层参数评价的重点，也是直接反映地层产能的关键参数。目前，国内在低渗透砂岩储层中提及的饱和度模型很多，比如 Shang B Z 提出的"等效岩石组分模型"和李舟波提出的"三水模型"等。"等效岩石组分模型"只适用于泥质含量较低的时候，主要考虑孔隙结构对岩石电性的影响，而非考虑流体对电性的影响。而"三水模型"虽然考虑了孔隙结构和流体对电性的影响，但是实验以驱替法岩电实验和相渗实验联测方式测量，其中驱替法在低渗透储层中是不妥的，原因是低渗透样品本身难以驱替，采用驱替法容易破坏低渗透样品的孔隙结构，得不到地层真实的情况，这也使得"三水模型"的适用性存在很大的局限性。另外，在低渗透储层中骨架部分不单是存在砂和泥，还有一定含量的灰质，灰质的影响不单是使地层电阻率升高，孔隙度降低，还会引起孔隙结构更加复杂，这方面关于地层含灰质的情况目前还没有饱和度模型考虑到。总之，饱和度的评价方法仍然需要不断地深化研究。

（2）产能理论模型研究的加强以及数模和物模体系的建立。

本书所介绍的产能理论模型都是基于不同考虑条件建立的，比如针对不同的地层特征或者油水关系等，理论上都有一定的适用条件，因此从模型上很难对哪种模型更好更优做出评价。作者在对影响产能因素的分析中认为，除了敏感的测井曲线、储层参数、脆性指数和施工压力以外，其实还与工作制度有关，工作制度包括冲程、冲次和泵径，但是理论模型并没有考虑这些参数的影响，因此地区性的回归公式可能适用性更强，而非理论模型。显然加强产能理论模型的研究既有必要也很重要。

另外，理论模型适用性比地区性的回归公式要差的另一个原因，是理论模型里面涉及的参数太多，关键参数裂缝动态长度和宽度无法标定，造成理论模型很难在实际中应用推广。要想解决这样的问题，就要建立数模和物模体系，这是研究的基础。数模就是建立地区的地层模型和合理的预测算法，物模就是微地震所得到的实际监测数据。通过数模和物模体系的建立，不断地优化地层模型和预测算法，使得到的裂缝动态长度和宽度接近真实结果。这样就可以在理论模型中增强参数的可靠性和准确性，使得理论模型能够在满足地区情况下，预测结果更合理、更准确。

（3）从静态预测到逐步实现动态监测技术。

以测井技术为主的评价方法，所用的测井资料都是反映某一特定时期的静态量，对于勘探初期，储层动用程度低时，这种思路还是能够预测地层信息。但是对于开发中后期，注水开发的调整，导致油藏发生了动态变化，这种静态预测方法显然是不能预测出理想的结果。这就要求测井手段要具有顺应油藏动态变化的能力，显然对于测井技术来说，是一次更高要求的技术革新。因此，面对这样的挑战和机遇，发展测井实时监测技术才是解决问题的出路，也是测井技术能够在"油藏评价一体化"大趋势中发展自身重要性的关键。

参 考 文 献

曹方秀 . 2018. 利用 GA-Elman 神经网络预测致密砂岩储层压裂产能 . 地球物理学进展, 33（1）: 156~
    162.

陈希镇 . 2008. 判别分析和 SPSS 的使用 . 科学技术与工程, 8（13）: 3567~6571.

丁显峰, 张锦良, 刘志斌 . 2004. 油气田产量预测的新模型 . 石油勘探与开发, 31（3）: 104~106.

范子菲, 方宏长 . 1996. 裂缝性油藏水平井稳态解产能公式研究 . 石油勘探与开发, 23（3）: 52~57.

高颖, 高楚桥, 赵彬, 等 . 2019. 基于储层分类计算东海低渗致密储层渗透率 . 断块油气田, 26（3）:
    309~313.

葛百成, 文政, 郑建东 . 2003. 利用测井资料预测油气自然产能的评价方法 . 大庆石油地质与开发, 22
    （1）: 54~56.

葛新民, 范宜仁, 杨东根, 等 . 2011. 基于等效岩石组分理论的饱和度指数影响因素 . 石油地球物理勘
    探, 46（3）: 477~481.

管秀强 . 1998. 基于测井信息的油层产能解释模型及其应用 . 江汉石油学院学报, 20（4）: 52~55.

鞠江慧, 王建功, 高瑞琴, 等 . 2005. 二连油田低孔隙度低渗透率储层压裂后产能预测 . 测井技术, 29
    （4）: 379~381.

李保柱, 朱玉新, 宋文杰, 等 . 2004. 克拉 2 气田产能预测方程的建立 . 石油勘探与开发, 31（2）: 107~
    111.

李戈理 . 2015. 测井-测试综合评价方法及产能预测测 . 测井技术, 39（6）: 796~801.

毛志强, 匡立春, 孙中春 . 2003. 准噶尔盆地侏罗系油气藏产能变化规律及压裂改造效果分析 . 勘探地球
    物理进展, 26（4）: 323~325.

毛志强, 李进福 . 2000. 油气层产能预测方法及模型 . 石油学报, 21（5）: 58~61.

彭敦陆 . 1999. 神经网络专家系统在预测单井日产量上的应用研究 . 石油实验地质, 21（2）: 20~22.

秦开明, 高乐, 田中原 . 2001. 利用测井资料进行储层的产能评价 . 国外测井技术, 16（4）: 9~12.

时卓, 石玉江, 张海涛, 等 . 2012. 低渗透致密砂岩储层测井产能预测方法 . 测井技术, 36（6）: 641~
    646.

谭成仟, 马娜蕊, 苏超 . 2004. 储层油气产能的预测模型和方法 . 地球科学与环境学报, 26（2）: 42~
    46.

谭成仟, 宋子齐, 吴少波 . 2001. 储层油气产能预测模型和方法 . 石油学报, 22（4）: 23~25.

谭成仟, 宋子齐 . 2001. 灰色关联分析在辽河滩海地区储层油气产能评价中的应用 . 石油物探, 40（20）:
    49~55.

汪立君 . 2004. 利用测井资料进行天然气储层产能的评价与预测 . 地质科技情报, 23（3）: 57~60.

王锋, 刘慧卿, 吕广忠 . 2014. 低渗透油藏长缝压裂直井稳态产能预测模型 . 油气地质与采收率, 21
    （1）: 84~91.

王慎铭 . 2015. 大庆油田 F 区块油藏流体物性及产能影响因素分析 . 大庆: 东北石油大学 .

王晓冬, 刘慈群 . 1996. 水平井产量递减曲线及应用方法 . 石油勘探与开发, 23（4）: 54~57.

吴俊晨 . 2012. 低孔低渗储层产能预测方法研究 . 武汉: 长江大学 .

许延清, 李舟波, 陆敬安 . 1999. 利用测井资料预测油气储层产能的方法研究 . 长春科技大学学报, 29
    （2）: 179~183.

张冲 . 2007. 用测井资料预测储层产能方法综述 . 国外测井技术, 22（2）: 23~30.

张繁 . 2015. 白豹地区特低渗油藏测井快速识别与产能预测技术研究 . 西安: 西安石油大学 .

张海龙, 刘国强, 周灿灿, 等 . 基于阵列感应测井资料的油气层产能预测 . 石油勘探与开发, 32（3）:
    84~87.

张继芬，王再山，高文君．1995．（拟）稳定流斜直井产能预测方法．大庆石油地质与开发，14（4）：20~27．

张丽艳．2005．砂砾岩储层孔隙度和渗透率预测方法．测井技术，29（3）：212~215．

张荣．2016．大牛地地区低孔渗储层评价及产能预测．成都：成都理工大学．

张松杨，范宜仁，黄国，等．2006．常规测井特征比值法在大牛地产能评价研究中的应用．测井技术，30（5）：420~424．

张占松，张超谟，郭海敏．2011．基于储层分类的低孔隙度低渗透率储层产能预测方法研究．测井技术，35（5）：482~486．

郑斌，李菊花．2015．基于Kozeny-Carman方程的渗透率分形模型．天然气地球科学，26（1）：193~197．

郑雷清，姚永君，左新玉．2006．稠油层录测井评价及产能预测方法研究．特种油气藏，13（3）：26~28．

周杨，李莉，吴忠宝，等．2018．低渗透油藏直井体积压裂产能评价新模型．科学技术与工程，18（8）：49~52．

朱诗战，任建华．1996．单井油层质量评价及其产能预测．江汉石油科技，6（3）：36~40．

朱维耀，岳明，高英．2014．致密油层体积压裂非线性渗流模型及产能分析．中国矿业大学学报，43（2）：248~253．

Besson J．1990．Performance of Slanted and Horizontal Wells on an AnisotropicMedium．SPE．

Brenda W．Myers，Laura Clinton，Norman R Carlson．1984．Productivity Analysis of an East Texas Gas Well．Symposium Transactions．

Bruce Z Shang，Jeffry G，Donald H．2004．Water saturation estimation using equivalent rock Element model．SPE Annual Technical Conference and Exhibition，26~29．

CHANG，M．M．；1989．Simulation of production from wells with horizontal/slanted laterals．DOE Reporter NIPER-326．

Fetkovich M J，Vienot M E，Bradley M D，Kiesow U G．1987．Decline Cure Analysis Using Type Curves Case Histories．SE Formation Evaluation．637~656．

Giger F．M．1984．The Reservior Engeering Aspects of Horizontal Well．SPE．

James M．Mird，Noel Frost．1965．Formtion Productivity Evaluation from Temperature Logs．Symposium Transactions．

J．R．Tootle．1979．The Prediction of well Producticity From Wirelin Logs，McallenRach Field．Symposium Transactions．

Kozeny J．1927．Ueber kapillare Leitung des Wassers im Boden．Sitzungsber Akad，l36（2a）：271~306．

Michael L Cheng，Marco A Leal，David Mc Naughton．1999．Productivity Prediction from Well Logs in Variable Grain Size Reservoirs Cretaceous Qishn Formation．Republic of Yeman，40（1）：24~32．

Mukherjee H，Economides M J．1991．AParamatic Comparison of Horizontal and Vertical Performance．SPE．

Norris S．O．1976．Predicting Oil Production from a Horizontal Well Intercepting Multiple Finite Conductivity Vertical Fractures．SPE．

Nujun Li，et al．1996．A new method to predict performance of fractured horizontal well．SPE，179~185．

Rawlins E L，Schelhardt M A．1936．Backpressure data on natural gas wells and their application to production practices．Monogoaph 7，U S．Bureau of Mines．

Rinaldi，Harris H，Djauhari．1997．Prediction of Specific Productivity Index for Sihapas Formation in Uncored WelLs of Minas Field Using Limited Available Core and Log Data．SPE38037，183~190．

Shang B Z，Jeffry G，Donald H．2003．A physical model to explain the first Archie relationship and beyond．SPE Annual Technical Conference and Exhibition，5~8．